机械设计基础

主　编　李世一　吴海艳　方春慧

副主编　韩秋燕　谢丽君　修　霞

参　编　解淑英　冯爱平　徐善崇　史同江

北京理工大学出版社

BEIJING INSTITUTE OF TECHNOLOGY PRESS

内容提要

"机械设计基础"是高等学校机械制造与自动化、机电一体化等专业必修的专业技术基础课，本教材分为三个部分，即常用机构、机械传动、机械连接与轴系零部件，共十个教学任务，通过各任务的学习，使学生掌握常用机构和通用机械零部件的基本知识、基本理论和基本技能，初步具有分析和设计常用机械零件和简单传动装置的能力。本教材依据近几年高等教育发展的实际需求编写而成，在内容的选排上，既充分吸收高等教育机械设计课程改革的成果，又渗透了作者长期教学积累的经验和体会。它作为专业基础课服务于专业课教学的同时，其讲授的知识、所培养的能力又为学生毕业后从事机械设计、设备维护等工作打下了基础。

图书在版编目（CIP）数据

机械设计基础/李世一，吴海艳，方春慧主编. --北京：北京理工大学出版社，2017.8

ISBN 978 - 7 - 5682 - 4602 - 6

Ⅰ.①机…　Ⅱ.①李…　②吴…　③方…　Ⅲ.①机械设计 - 高等学校 - 教材　Ⅳ.①TH122

中国版本图书馆 CIP 数据核字（2017）第 194656 号

出版发行／北京理工大学出版社有限责任公司

社　　址／北京市海淀区中关村南大街 5 号

邮　　编／100081

电　　话／（010）68914775（总编室）

　　　　　　（010）82562903（教材售后服务热线）

　　　　　　（010）68948351（其他图书服务热线）

网　　址／http：//www.bitpress.com.cn

经　　销／全国各地新华书店

印　　刷／北京高岭印刷有限公司

开　　本／787 毫米×1092 毫米　1/16

印　　张／18.25

字　　数／430 千字

版　　次／2017 年 8 月第 1 版　2017 年 8 月第 1 次印刷

定　　价／69.00 元

责任编辑／刘永兵

文案编辑／刘　佳

责任校对／周瑞红

责任印制／李志强

前　言

　　"机械设计基础"是机械类、机电类等专业的重要基础课程，本教材依据近几年高等教育发展的实际需求编写而成，既充分吸收高等教育机械设计课程改革的成果，又渗透了作者长期教学积累的经验和体会。根据教育部制定的"高等教育技能型人才培养方案"的教学要求，本着"突出技能，重在实用，淡化理论，够用为度"的指导思想，本教材的编写突出了高等教育的特点，并贯彻最新国家标准。

　　本教材内容包括常用机构和通用机械零部件的基本知识和基本理论，涵盖了"机械设计基础"课程的基本要求。通过学习，学生可以初步掌握分析和设计常用机械零件和简单传动装置的知识和技能。本教材作为专业基础课服务于专业课教学的同时，其讲授的知识、所培养的能力又为学生毕业后从事机械设计、设备维护等工作打下了基础。

　　本教材的编写具有以下几个特点：

　　1. 充分考虑高等机械类专业的特点，特别强调实践性环节；

　　2. 以来源于生产和生活中的典型案例作为学习载体，力求提高学生的理解能力，激发学生的学习兴趣；

　　3. 教学内容编排图文并茂，以图优先，文字表达力求深入浅出；

　　4. 对原有知识领域进行了大胆整合，力求前后连贯、够用为度，打破传统教材体系束缚，对现有知识体系的合理性进行了有益探索；

　　5. 任务学习循序渐进，每个任务后面的典型案例和拓展训练锻炼了学生综合运用知识的能力；

　　6. 以"新媒体"思维融入教材，通过二维码的形式以动画、视频精准地展现教学内容，知识更加形象立体。

　　本教材由李世一、吴海艳、方春慧担任主编，韩秋燕、谢丽君、修霞担任副主编，解淑英、冯爱平、徐善崇、史同江参与编写。具体编写分工如下：第一篇常用机构任务1、任务2由方春慧编写，任务3由冯爱平、徐善崇编写，第二篇机械传动任务4、任务5、任务6由吴海艳编写，任务7由李世一编写，任务8由谢丽君、修霞编写，第三篇机械连接与轴系零部件任务9由韩秋燕编写，任务10由解淑英、史同江编写，书中的典型案例和大量机构和机械零部件素材由烟台环球机床附件集团有限公司工程师景国丰提供并给予编写意见。

　　鉴于编者水平有限，书中难免有错误和不妥之处，恳请广大读者批评指正。

编　者

目　　录

绪论…………………………………………………………………………………………… 1

第一篇　常用机构

任务 1　平面连杆机构 ………………………………………………………………………… 7
　　步骤一　静力学基础知识 ………………………………………………………………… 9
　　步骤二　机构中的运动副及简图表示 …………………………………………………… 19
　　步骤三　平面连杆机构原理分析与设计 ………………………………………………… 21
　　步骤四　缝纫机踏板机构原理、受力分析及简图绘制 ………………………………… 37
任务 2　凸轮机构 …………………………………………………………………………… 44
　　步骤一　凸轮机构概述 …………………………………………………………………… 45
　　步骤二　凸轮机构的运动规律 …………………………………………………………… 48
　　步骤三　凸轮机构的设计 ………………………………………………………………… 52
　　步骤四　车床自动横向进刀机构原理分析及简图绘制 ………………………………… 57
任务 3　间歇机构 …………………………………………………………………………… 61
　　步骤一　棘轮机构 ………………………………………………………………………… 63
　　步骤二　槽轮机构 ………………………………………………………………………… 67
　　步骤三　牛头刨床工作台横向进给机构原理分析和简图绘制 ………………………… 70

第二篇　机械传动

任务 4　带传动 ……………………………………………………………………………… 75
　　步骤一　带传动的组成、类型及特点 …………………………………………………… 77
　　步骤二　普通 V 带及 V 带轮 …………………………………………………………… 81
　　步骤三　带传动的受力分析和应力分析 ………………………………………………… 86
　　步骤四　带传动的使用和维护 …………………………………………………………… 90
　　步骤五　带式输送机用 V 带传动设计 ………………………………………………… 92
任务 5　链传动 ……………………………………………………………………………… 105
　　步骤一　链传动的组成、类型及特点 …………………………………………………… 107
　　步骤二　滚子链及其链轮 ………………………………………………………………… 108
　　步骤三　链式输送机用滚子链传动的设计 ……………………………………………… 113

步骤四　链传动的布置、张紧和润滑···118

任务6　齿轮传动···125
　　步骤一　齿轮传动的类型和特点···127
　　步骤二　渐开线齿廓及啮合特性···131
　　步骤三　渐开线标准直齿圆柱齿轮的基本参数及几何尺寸·····133
　　步骤四　渐开线标准直齿圆柱齿轮的啮合传动分析·················138
　　步骤五　渐开线直齿圆柱齿轮的加工···141
　　步骤六　齿轮传动的失效形式和设计准则·································144
　　步骤七　直齿圆柱齿轮的强度计算···151
　　步骤八　带式输送机用齿轮传动的设计·····································156

任务7　蜗杆传动···172
　　步骤一　蜗杆传动的特点和类型···174
　　步骤二　蜗杆传动的基本参数和几何尺寸·································178
　　步骤三　蜗杆传动设计基础···182
　　步骤四　蜗杆传动的强度计算···184
　　步骤五　蜗杆传动的效率、润滑和热平衡计算·························187
　　步骤六　单级圆柱蜗杆减速器中的蜗杆传动设计·····················190

任务8　轮系···195
　　步骤一　轮系及其分类···197
　　步骤二　定轴轮系的传动比···199
　　步骤三　周转轮系与复合轮系···203
　　步骤四　轮系的应用···206

第三篇　机械连接与轴系零部件

任务9　机械连接···215
　　步骤一　了解螺纹连接···216
　　步骤二　螺栓连接的强度计算···226

任务10　轴系零部件···240
　　步骤一　初步分析轴的受力特点，确定用轴类型·····················242
　　步骤二　选择轴的材料，确定许用应力·····································249
　　步骤三　按扭转强度初估轴的最小直径·····································251
　　步骤四　初选联轴器···253
　　步骤五　轴承分析···259
　　步骤六　轴的结构设计···266
　　步骤七　轴的强度和刚度计算···274
　　步骤八　绘制轴的零件工作图···278

参考文献···284

绪　论

　　人们的生活离不开机械，从小小的螺钉到计算机控制的机械设备，机械在现代化建设中有着重要的作用。机械通常分为以下两类：一类是可以使物体运动加速的机械，被称为加速机械，如汽车、自行车、飞机等；另一类是使人们能够对物体施加更大力的机械，被称为加力机械，如旋具、扳手、机床和挖掘机等，如图0-1所示。

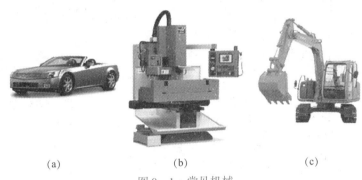

(a)　　　　　　　　(b)　　　　　　　　(c)

图0-1　常见机械

(a) 汽车；(b) 数控机床；(c) 挖掘机

一、机械、机器和机构

　　机械是人类改造自然、使社会进步和发展的重要工具。从运动的观点来看，机器和机构之间没有区别，习惯上把机器和机构统称为机械。

1. 机器

　　机器是执行机械运动的装置，用来变换或传递能量、物流和信息。无论是简单机器，还是复杂机器，尽管它们的构造、性能和用途各不相同，但它们都具有三个共同的特征：首先，机器是人为的多种实体的组合；其次，各部分之间具有确定的相对运动；第三，能完成有效的机械功或实现能量转换。

　　如图0-2所示为某典型轿车构造图。一部完整的机器，通常由原动部分、执行部分、传动部分、操纵和控制部分、框架支撑部分等组成。其中，动力部分是机械的动力来源，其作用是把其他形式的能量转变为机械能，以驱动机械运动；执行部分是直接完成机械预定功能的部分，也就是工作部分；传动部分是将运动和动力传递给执行部分的中间环节，可变速、转换运动形式；操纵和控制部分用于操纵和控制机械的其他部分；框架支撑部分是用来安装和支撑其他系统的部分。

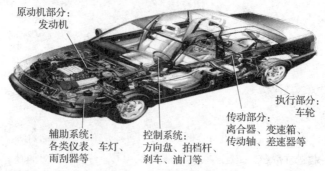

图 0-2　典型轿车构造图

2. 机构

机构是用来传递运动和力的，是多个具有确定相对运动的构件组合体。机构有很多类型，常用的有连杆机构、齿轮机构、凸轮机构以及各种间歇运动机构等。

图 0-3 所示为内燃机配气机构，由三种类型机构组成，主运动部分的曲柄滑块机构，由活塞 1、连杆 2、曲轴 3、气缸体 4 组成，其功能是将活塞 1 的直线往复移动转变为曲轴 3 的转动；转速变换部分是两个齿轮组成的齿轮机构，其功能是完成速度变换，即曲轴每转 2 转，凸轮轴转 1 转；配气部分是两组凸轮机构，由凸轮 6、气门推杆 7、机座 8 组成，其功能是将凸轮 6 的转动转变成气门推杆 7 的往复直线移动。两组气门推杆用来开启和关闭进气口和排气口，气门推杆交替的上下往复移动，就完成了内燃机进气口和排气口的打开与关闭。

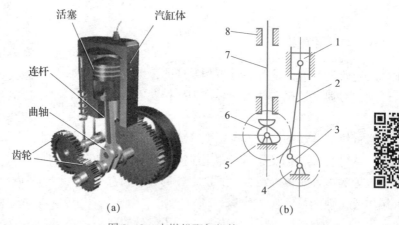

图 0-3　内燃机配气机构

（a）结构图；（b）机构运动简图

1—活塞；2—连杆；3—曲轴；4—气缸体；5—齿轮；6—凸轮；7—气门推杆；8—机座

二、构件和零件

1. 构件

组成机构的各个相对运动部分称为构件，构件是运动的单元体，构件可以是单一的整体，如凸轮、齿轮等；也可以是多个零件组成的刚性结构，如图 0-4 所示的连杆，在内燃机配气机构中，连杆是曲柄连杆机构中的一个构件，但在加工时，连杆是由若干个不同的零件组成的。

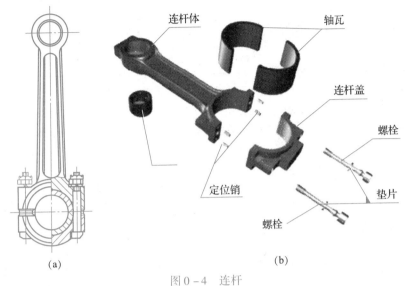

图 0-4　连杆

（a）连杆装配图；（b）连杆拆分图

2. 零件

零件是不可拆分的单元体，零件按使用特点可分为两类，一类是通用零件，在各种机器中都能用到的零件，如齿轮、螺栓、键等；另一类是专用零件，是在特定机器中才能用到的零件，如泵的叶片、内燃机的曲轴等。

三、机械设计

机械设计包括以下两种设计：一是应用新技术、新方法开发创造新机械；还有一种是在原有机械的基础上重新设计或进行局部改造，从而改变或提高原有机械的性能。设计质量的高低直接关系到机械产品的性能、价格及经济效益。

课程性质

课程性质："机械设计基础"是高职高专类学校机械制造与自动化、机电一体化等专业必修的专业技术基础课，主要讲授常用机构和通用机械零部件的基本知识、基本理论和设计方法等内容。本课程作为专业基础课服务于专业课的教学，其讲授的知识让学生初步具有分析和设计常用机械零件和简单传动装置的能力，为学生毕业后从事机械设计、设备维护等工作打下基础。

课程内容

本课程主要包括常用机构、机械传动、机械连接与轴系零部件三篇，共十个教学任务。其中常用机构篇包括平面连杆机构、凸轮机构和间歇机构三个任务，机械传动篇包括带传动、链传动、齿轮传动、蜗杆传动、轮系五个任务，机械连接与轴系零部件篇包括机械连接、轴系零部件两个任务。

课程教学目标

本课程的教学应达到的教学目标见表0-1。

表0-1 课程教学目标

知识目标	➤ 能熟练地运用力系平衡条件求解简单力系的平衡问题； ➤ 掌握零部件的受力分析和强度计算方法； ➤ 熟悉常用机构、常用机械传动及通用零部件的工作原理、特点、应用、结构、标准、选用和基本设计方法
能力目标	➤ 具备正确分析、使用和维护机械的能力，初步具有设计简单机械传动装置的能力； ➤ 具有与本课程有关的解题、运算、绘图能力和应用标准、手册、图册等有关技术资料的能力
职业素养	➤ 良好的分析问题、解决问题的能力； ➤ 严谨的工作态度、团队协作能力

 ## 课程的教学方法

课程的教学可结合本教材采用任务驱动式教学，注意问题引导、启发式教学，学生在学习的过程中应注意以下方面。

1. 综合运用知识

本课程是一门综合性课程。综合运用本课程和其他课程所学知识解决简单机械设计问题是本课程的教学目标，也是设计能力的重要标志。

2. 注重实际应用

在学习过程中应注意理论联系实际，以达到活学活用。

3. 学会总结归纳

本课程的研究对象多，内容繁杂，所以必须对每一个研究对象的基本知识、基本原理、基本设计思路方法进行归纳总结，并与其他研究对象进行比较，掌握其共性与个性，只有这样才能有效提高分析和解决设计问题的能力。

4. 学会创新

学习机械设计不仅在于继承，更重要的是应用创新。机械科学产生与发展的历程就是不断创新的历程。只有学会创新，才能把知识变成分析问题与解决问题的能力。

第一篇

常用机构

任务 **1** 平面连杆机构

【任务目标】

【知识目标】

◇ 掌握杆件受力分析要领，能够熟练进行受力分析图的绘制；
◇ 掌握运动副、约束等概念，掌握机构简图绘图步骤；
◇ 掌握平面机构的自由度；
◇ 掌握铰链四杆机构的基本特征、基本形式以及演化形式。

【能力目标】

◇ 能够熟练拆装机械零部件，并结合所学知识，确定工作原理；
◇ 能够熟练举出平面连杆机构的典型案例，并可自行设计运动过程；
◇ 能够熟练绘制平面机构的机构简图。

【职业目标】

◇ 培养勤学好问的学习习惯以及自主获取知识的自学能力；
◇ 培养团队协作、共同解决问题的精神品质。

任务描述

图 1-1 所示为家用缝纫机踏板机构，试分析家用缝纫机踏板机构原理，进行受力分析及其机构的简图绘制。

 想一想：

缝纫机是如何通过脚踏板的旋转最终带动皮带轮转动的？

图 1 - 1　家用缝纫机踏板机构

1—脚踏板；2—连杆；3—曲轴；4—皮带轮

分析与说明	初步结果
缝纫机脚踏板机构运动过程调查分析：	

 任务分析

　　20 世纪中期，缝纫机作为女方陪嫁"三大件"之一，广泛进入中国家庭，成为家庭妇女的好帮手。发展至今天，缝纫机经历了 150 多年的历史，已经演变出形式各样、功能各异的品种，除了老式的纯机械结构，还出现了电动的、电子的缝纫机。而老式缝纫机凭借纯粹的典型机械结构出色地完成了电动的功能，长久以来彰显着先人的智慧，为后人所学习。老式缝纫机如图 1—2 所示。

　　通过本任务的学习，我们需要了解缝纫机脚踏机构的基本构造及各零部件的名称、功用；熟悉机构的工作原理和结构特点，对曲柄摇杆机构等相关常用平面机构及平面连杆机构的相关知识点以及其工作原理、结构及应用形成感性认识，最终掌握缝纫机踏板机构的原理分析，并绘制机构简图，进行简单的受力分析。

图 1—2　德国百年老缝纫机

学习任务分解
步骤一　静力学基础知识
步骤二　机构中的运动副及简图表示
步骤三　平面连杆机构原理分析与设计
步骤四　缝纫机踏板机构原理、受力分析及简图绘制

 任务实施 ►►

步骤一　静力学基础知识

由两个或两个以上机械零件通过活动连接形式形成的机械系统称为机构，机构是机器实现机械运动不可缺少的组成部分。

机构的种类很多，在工程和生活中得到广泛应用：门可以自由地关闭和开启、汽车刮水器自动刮除水滴、自卸车翻斗倾倒沙土、自行车左右拐弯……机构在机器中不断地传递运动、转换运动形式。例如，将回转运动转换为摆动或往复直线运动；将匀速转动转换为非匀速转动或间歇性运动等。

> **? 想一想：**
> 阅读如下"相关知识"，想一想：如何对组成整套机器的零部件（即机构）进行受力分析以及绘制受力分析图？

 相关知识

一、力

1. 力和力系的概念

（1）刚体

在一般情况下，工程上物体的变形都是微小的，对物体的平衡没有实质性的影响。这样就可以忽略这种微小变形而将物体视为刚体。刚体是在力的作用下不变形的物体。这种抽象会使问题简化，所以说刚体是在静力学中对物体进行抽象后得到的一种理想模型。在不加以说明时，工程力学分析中所指的物体都视为刚体。

（2）平衡

平衡是指物体相对地球保持静止或做匀速直线运动，是物体机械运动的一种特殊状态。

（3）力

① 定义：力是物体之间的相互机械作用。这种作用将产生两种效应：外效应使物体的运动状态发生改变；内效应使物体的形状发生改变。

② 力的三要素：大小、方向和作用点，力的作用效应取决于力的三要素。

③ 力的单位：牛（N），千牛（kN）。

（4）力系

① 力系：作用于被研究物体上的一组力。

② 平衡力系：如果力系可使物体处于平衡状态，则称此力系为平衡力系。

③ 等效力系：若两个力分别作用于同一物体上时其作用效应相同，则这两个力是等效力系。

④ 合力：若力系与一力等效，则称此力为该力系的合力。

⑤ 力系的简化：用简单的力系等效代替复杂力系的过程。

2. 力的性质

人们经过长期的生活和实践积累，总结出了几条力的基本性质，因正确性已被反复实践论证证明，所以为大家所公认，被称为静力学公理。力的性质是静力学全部理论的基础。

（1）性质1（二力平衡条件）

刚体上仅受两力（F_1、F_2）作用而平衡的充分必要条件是：此两力必须等值、反向、共线，即 $F_1 = -F_2$，如图1-3和图1-4所示。

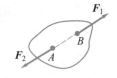

图1-3 二力平衡条件

$$F_1 = -F_2$$

图1-4 二力构件的受力分析

二力构件：工程上受两个力的作用而平衡的刚体称为"二力构件"或"二力体"。二力构件平衡时其所受的两个力必沿着两个力作用点的连线，而且两力大小相等、方向相反。

小提示

在进行构件受力分析时，能正确判断其是否为二力构件，可使问题顺利解决。这点很重要。

（2）性质2（加减平衡力系原理）

对于作用于刚体上的任何一个力系，加上或减去任一平衡力系，并不改变力系对刚体的作用效应。

推论1（力的可传性）：刚体上的力可沿其作用线移动到该刚体上任一点而不改变此力对刚体的作用效应，如图1-5所示。

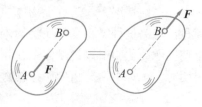

图1-5 力的可传性示意

小提示

　　力的可传性只能适用于刚体，而且力只能在刚体自身上沿其作用线移动，不能移到其他刚体上去。

　　（3）性质3（力的平行四边形法则）

　　作用于物体上同一点的两个力的合力也作用于该点，且合力的大小和方向可用这两个力为邻边所作的平行四边形的对角线来确定。

　　该公理说明：力矢量可按平行四边形法则进行合成与分解，同时合力矢量 F_R 与分力矢量 F_1 和 F_2 间的关系符合矢量运算法则，即合力等于两个分力的矢量和，如图1-6所示。

$$F_R = F_1 + F_2 \qquad (1-1)$$

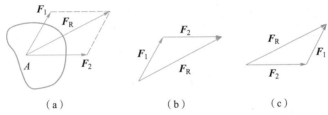

（a）　　　　　　（b）　　　　　　（c）

图1-6　力的平行四边形法则

　　平行四边形法则可推广到作用在同一点的 n 个力 F_1、F_2、F_3、$\cdots$、F_n 的情况。

$$F_R = F_1 + F_2 + \cdots + F_n = \sum F \qquad (1-2)$$

　　可见，平面汇交力系的合力矢量等于力系各分力的矢量和。

　　根据式（1-2），将各分力向直角坐标系 xoy 的两个坐标轴上投影，得到：

$$F_{Rx} = F_{1x} + F_{2x} + \cdots + F_{nx} = \sum F_x$$
$$F_{Ry} = F_{1y} + F_{2y} + \cdots + F_{ny} = \sum F_y \qquad (1-3)$$

　　那么式（1-3）称为合力投影定理，即力系的合力在某轴上的投影等于力系中各分力在同一轴上投影的代数和。

　　推论2（三力平衡汇交定理）：刚体受三个共面但互不平行的力作用而平衡时，三力必汇交于一点。

　　说明：平衡时 F_3 必与 F_{12} 共线则三力必汇交于 O 点，且共面，如图1-7所示。

　　（4）性质4（作用与反作用定律）

　　两物体间相互作用的力总是同时存在，并且两力等值、反向、共线，分别作用于两个物体。这两个力互为作用与反作用的关系。

　　说明：一切力总是成对出现的，是力的存在形式和力在物体间的传递方式。

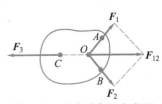

图1-7　三力平衡汇交定理

二、约束力与约束反力

1. 约束力及其三要素

在运动副中，相互连接的构件的运动都受到了与它联系的其他构件的限制，比如飞轮受到轴承的限制，只能绕轴旋转；列车上的卧铺受到合页和撑杆的限制，保持稳定的平衡状态。一个物体的运动受到周围其他物体的限制，这种限制条件称为约束。约束的存在限制了物体的运动，所以，约束一定有力作用于被约束的物体上，约束作用于该物体上的限制其运动的力，称为约束力。作用于被约束物体上的约束力以外的力统称为主动力，如重力、推力等。约束力的要素见表1-1。

表1-1　约束力三要素

种类	特　征
大小	未知，与主动力的值有关，在静力学中可通过刚体的平衡条件求得
方向	总是与约束所能限制的运动方向相反
作用点	约束与物体（被约束）的接触点

2. 工程上常见的约束类型及其约束力表示方法

（1）柔性约束（柔索）

工程中，由柔索、钢丝绳、皮带、链条等柔性物体所形成的约束称为柔性约束，如图1-8所示。

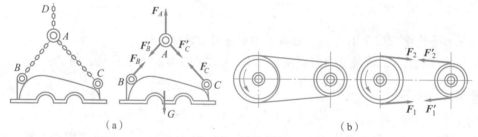

（a）　　　　　　　　　　　　　　　　（b）

图1-8　柔性约束

（a）链条的柔性约束；（b）皮带的柔性约束

约束特点：只能限制物体沿柔体伸长方向的运动，只能受拉，不能受压。

柔性约束反力作用于触点，沿柔体中心，背离被约束物体。

柔性约束反力用 T 表示。

（2）光滑接触面约束

当两物体直接接触并可忽略接触面的摩擦时，即构成光滑接触面约束，如图1-9所示。

约束特点：只能限制沿接触点的法线方向趋向支承面的运动。

约束反力的确定：通过接触点，沿着接触面公法线方向，指向被约束的物体，即物体受压。

光滑接触的约束反力通常用 F_N 表示，如图1-10所示。

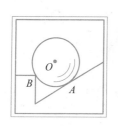

图 1 – 9 光滑接触面约束示例

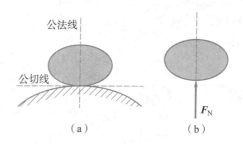

图 1 – 10 约束反力的确定

（3）光滑圆柱形铰链约束

两物体分别钻有直径相同的圆柱形孔，用一圆柱形销钉连接起来，在不计摩擦时，即构成光滑圆柱形铰链约束，简称铰链约束，如图 1 – 11 所示。

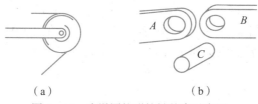

图 1 – 11 光滑圆柱形铰链约束示意图

工程中这类约束有以下几种形式：中间铰链、固定铰链支座、活动铰链支座、固定端约束以及连杆约束。

① 中间铰链约束。

如图 1 – 12（a）和图 1 – 12（b）所示，圆柱销将两构件连接在一起，即构成中间铰链，常用如图 1 – 12（b）所示的简图表示。

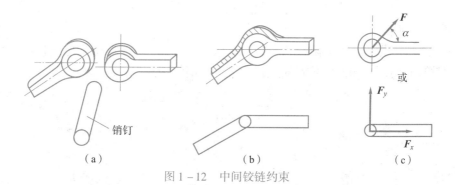

图 1 – 12 中间铰链约束

中间铰链所连接的两构件互为约束。两者本质上属于光滑面约束，但由于接触点不确定，所以中间铰链约束反力的特点是：在垂直于销钉轴线的平面内，作用线通过铰链中心，方向不定，通常用如图 1 – 12（c）所示的单个力 F 和未知角 α 或两个正交分力 F_x 和 F_y 表示。

② 固定铰链支座约束。

如图 1 – 13（a）所示，若构成中间铰链约束中的一个构件固定，即构成固定铰链支座约束，用如图 1 – 13（b）所示的简图表示。其约束反力的特点与中间铰链相同，如图 1－13（c）所示。

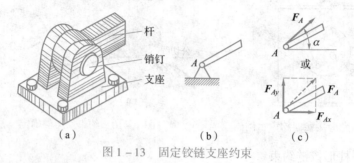

图 1－13　固定铰链支座约束

③ 活动铰链支座约束。

在固定铰链支座底部安装上滚子，并与光滑支承面接触，则构成了活动铰链约束，如图 1－14（a）和图 1－14（b）所示，通常用如图 1－14（c）所示的简图表示。

活动铰链支座只能限制构件沿支承面法向的移动，不能阻止物体沿支承面切线方向的运动和绕销钉的转动，因此其约束反力通过铰链中心，垂直于支承面，方向不定，如图 1－14（c）所示。

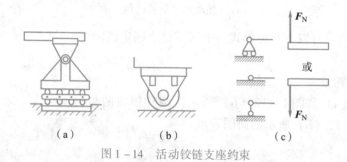

图 1－14　活动铰链支座约束

④ 固定端约束。

图 1－15 所示为建筑物上阳台的挑梁、车床上的刀具、立于路旁的电线杆等，均不能沿任何方向移动和转动，构件所受到的这种约束称为固定端约束。

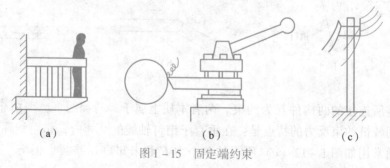

图 1－15　固定端约束

平面问题中一般用如图 1－16（a）所示的简图表示固定端约束。其约束反力在作用面内可用两个正交分力 F_x、F_y 和一个约束反力偶 M 表示，如图 1－16（b）所示。

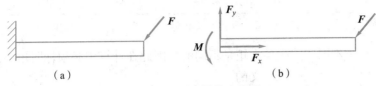

图 1 – 16　固定端约束简图

⑤ 连杆约束（二力杆约束）。

不计自重，两端均用铰链的方式与周围物体相连接，且不受其他外力作用的杆件，称为二力杆。根据二力平衡公理，二力杆的约束力必沿杆件两端铰链中心的连线，指向不定，如图 1 – 17 所示。

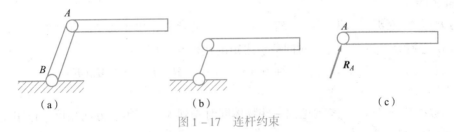

图 1 – 17　连杆约束

约束特点：链杆只能限制物体沿其中心线方向的运动，而不能限制其他方向的运动。

约束反力的确定：约束力的作用线一定是沿着链杆两端铰链的连线，指向待定。

三、力矩与力偶

1. 力矩的定义

如图 1 – 18 所示，用扳手拧紧螺母时，作用于扳手上的力 F 可使扳手与螺母一起绕螺母中心 O 转动。由经验可知，力 F 使扳手绕 O 点的转动效应取决于力 F 的大小和 O 点到力作用线的垂直距离 d。

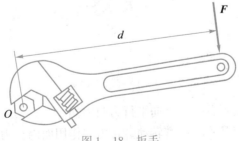

图 1 – 18　扳手

这种转动效应可用力对点的矩来度量。定义 Fd 为力 F 对点 O 之矩，简称力矩，用 $M_O(F)$ 表示。O 点称为力矩中心，简称矩心；d 称为力臂，则力矩的计算公式为：

$$M_O(F) = \pm Fd \tag{1 - 4}$$

符号"±"表示力矩的转向，规定在平面问题中，逆时针转向的力矩取正号；顺时针转向的力矩取负号。故平面上力对点之矩为代数量。力矩的单位为 N·m 或 kN·m。

小提示

　　同一力对不同点产生的力矩是不同的，因此在计算中必须标明矩心，不指明矩心而求力矩是无任何意义的。

2. 力矩的性质

① 力 F 对 O 点之矩不仅取决于力 F 的大小，同时还与矩心的位置即力臂 d 有关。同一个力对不同的矩心，其力矩是不同的（包括数值和符号都可能不同）。

② 当力的作用线通过矩心时，力矩等于零。

3. 合力矩定理

若力 F_R 是平面汇交力系（F_1，F_2，…，F_n）的合力，由于力 F_R 与力系等效，则合力对任一点 O 之矩等于力系各分力对同一点之矩的代数和，即：

$$M_O(F_R) = M_O(F_1) + M_O(F_2) + \cdots + M_O(F_n) = \sum M_O(F) \tag{1-5}$$

4. 力偶

在生活及生产实践中，经常见到一些物体同时受到大小相等、方向相反、作用线互相平行的两个力作用的情况。

例如，用手拧水龙头，作用在开关上的两个力 F 和 F'；司机用双手转动方向盘时的作用力 F 和 F'，如图 1-19 所示。这一对等值、反向、不共线的平行力组成的特殊力系，称为力偶，记作（F，F'）。力偶中两个力作用线所决定的平面称为力偶作用面，两个力作用线之间的垂直距离称为力偶臂，用 d 表示。

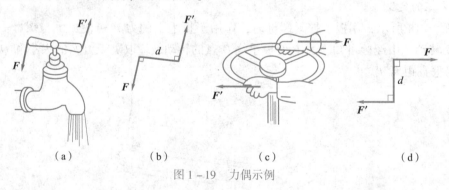

| (a) | (b) | (c) | (d) |

图 1-19　力偶示例

两个大小相等、作用线不重合的反向平行力叫力偶。

力偶对刚体的作用效应是只能使其转动。在力偶作用面内，力偶使物体转动的效应，不仅与力 F 的大小有关，还与力偶臂 d 有关。用乘积 Fd 再冠以相应的正负号表示力偶使物体转动的效应，称为力偶矩，记作 $M(F, F')$ 或 M，即：

$$M(F, F') = M = \pm Fd \tag{1-6}$$

力偶矩是一个代数量，式中符号"$\pm$"表示力偶的转向，规定力偶使物体逆时针方向转动时力偶矩取正号，顺时针方向转动时力偶矩取负号。力偶矩单位和力矩单位相同，为 N·m 或 kN·m。

5．力偶的性质

性质1：力偶在任何坐标轴上的投影等于零。

性质2：力偶不能合成为一个力，或者说力偶没有合力。

性质3：平面力偶等效定理。

在同一平面内的两个力偶，只要它们的力偶矩大小相等，则两力偶必等效。

6．力偶等效条件

① 力偶可以在其作用面内任意移动，而不影响它对刚体的作用效应。

② 只要保持力偶矩大小和转向不变，可以任意改变力偶中力的大小和相应力偶臂的长短，而不改变它对刚体的作用效应。

7．平面力偶系的合成

作用在刚体同一平面内的 n 个力偶称为平面力偶系。平面力偶系合成的结果为一个合力偶，合力偶矩等于力偶系中各力偶矩的代数和，即：

$$M = M_1 + M_2 + \cdots + M_n = \sum M_i \qquad (1-7)$$

四、受力分析与受力图的绘制

工程中的结构与机构十分复杂，为了清楚地表达出某个物体的受力情况，必须对物体进行受力分析。受力分析要解决如下两个问题。

① 确定研究对象；

② 确定研究对象上所受的力（受力分析），并绘制受力图，即在分离体上画出物体所受的全部主动力和约束力，此图称为研究对象的受力图。

研究对象往往为非自由体，为了清楚地表示物体的受力情况，需要把所研究的物体从与它周围相联系的物体中分离出来，单独画出该物体的轮廓简图，使之成为分离体。

1．受力分析的一般步骤

① 根据题目恰当地确定研究对象，研究对象可以是一个物体或一个物系；

② 取分离体；

③ 在分离体上画出物体所受的主动力，并标出各主动力的名称；

④ 根据约束的类型确定约束反力的位置与方向，画在分离体上，并标出各约束反力的名称。

2．画受力图步骤

画受力图是解平衡问题的关键，画受力图的一般步骤如下：

① 根据题意确定研究对象，并画出研究对象的分离体简图；

② 在分离体上画出全部已知的主动力；

③ 在分离体上解除约束的地方画出相应的约束反力。

多了解一点

力是物体间相互的机械作用，物体所受的每一个力均应清楚哪个是施力物体，以免多画或漏画力。

应严格区分约束反力类型。

注意运用"作用力与反作用力"公理来判断和检查。

柔性约束的约束反力只能是拉力，不会是压力。

特别注意运用"二力构件"来进行受力分析。

图 1-20 所示的结构由杆 AC、CD 和滑轮 B 铰接而成。物体重为 G，用绳子挂在滑轮上。如杆、滑轮及绳子的自重不计，并忽略各处的摩擦，试分别画出滑轮 B、杆 AC、CD 及整个系统的受力图。

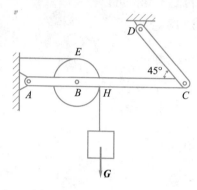

图 1-20　受力分析结构图

步骤	约束类型	结　果
确定约束类型	A	
	B	
	C	
	D	
	E	
	H	
画分离体及主动力	滑轮 B	
	杆 AC	
	杆 CD	
	整体	
添加约束力，完善受力分析图	滑轮 B	
	杆 AC	
	杆 CD	
	整体	

步骤二 机构中的运动副及简图表示

❓ 想一想：

　　阅读如下"相关知识"，想一想：机械零部件之间都有哪些连接类型？如果进行受力分析如何表示？

相关知识

一、运动副

　　由前面静力学的知识可知，由两个或两个以上机械零件通过活动连接形式形成的机械系统称为机构。组成机构的机械零件称为构件。在机构中，每个构件都以一定的方式与其他构件相互连接，这些连接都是可动的。这种使两个或两个以上的构件直接接触又能产生一定相对运动的连接称为运动副。

　　将各构件的运动限制在同一平面或相互平行的平面内的运动副称为平面运动副。本课程所讲的运动副均为平面运动副。根据运动副接触形式的不同，平面运动副又可分为低副和高副。

　　两构件之间通过面接触而形成的运动副称为低副。根据两构件之间的相对运动形式，低副又可分为转动副、移动副和螺旋副；两构件之间通过点或线接触而形成的运动副称为高副。运动副的具体分类和应用特点见表1-2。

表1-2　运动副的类型及应用特点

类型		示意图	特点	应用实例
低副	转动副	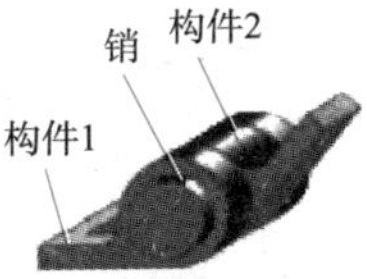 构件1 销 构件2	面接触，容易制造与维修；承载能力大，效率低；不能传递较复杂的运动	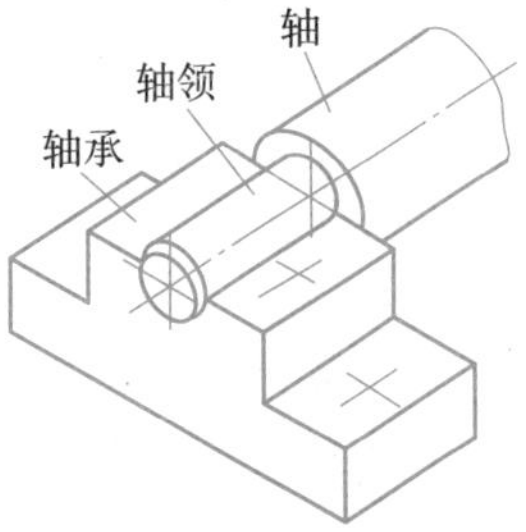 轴领 轴 轴承
	移动副	 构件2 构件1		
	螺旋副			

续表

类型	示意图	特点	应用实例
高副		点或线接触，制造与维修较为困难，接触处易磨损，寿命低，能传递较为复杂的运动	

二、运动副结构及符号

为便于工程分析、研究已有的机构或设计新机构，常见的运动副、构件符号见表 1 - 3 和表 1 - 4。

表 1 - 3　运动副的表示方法

运动副	转动副	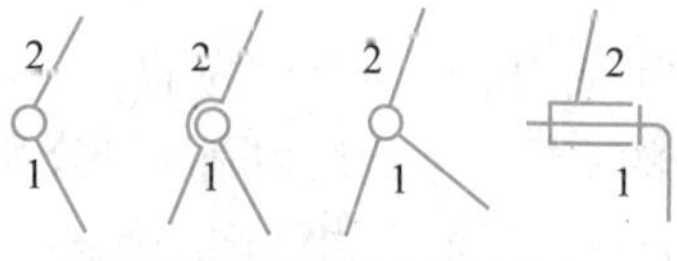 两运动构件所形成的运动副	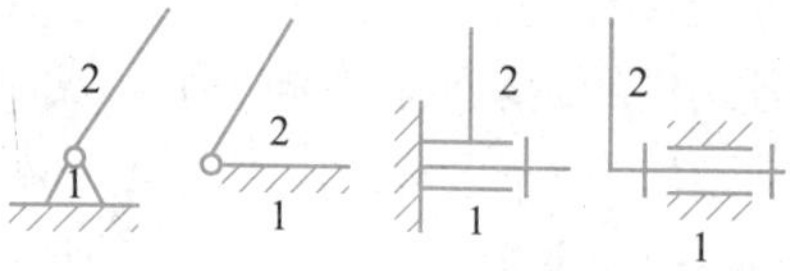 两构件之一为固定时所形成的运动副
	移动副	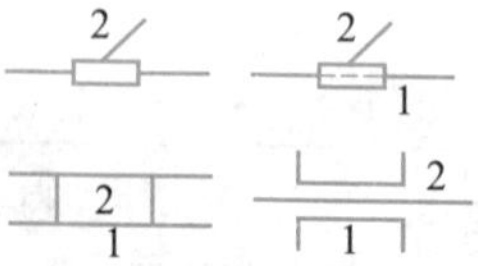	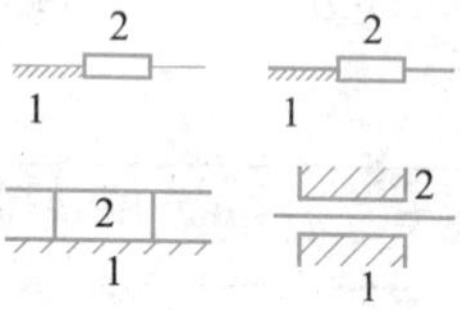
运动副	齿轮	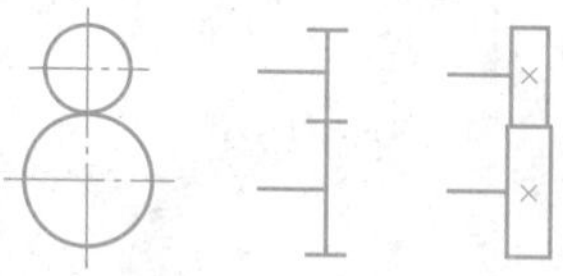	
	凸轮	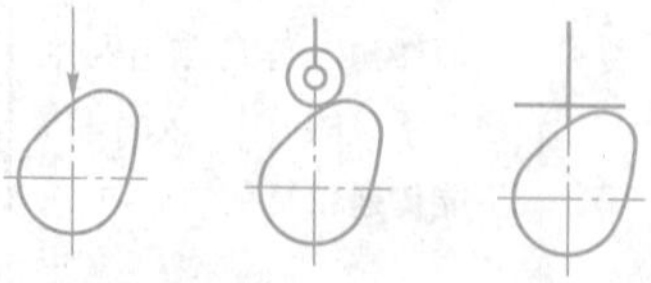	

表 1 - 4　一般构件的表示方法

一般构件	杆、轴类构件	
	固定构件	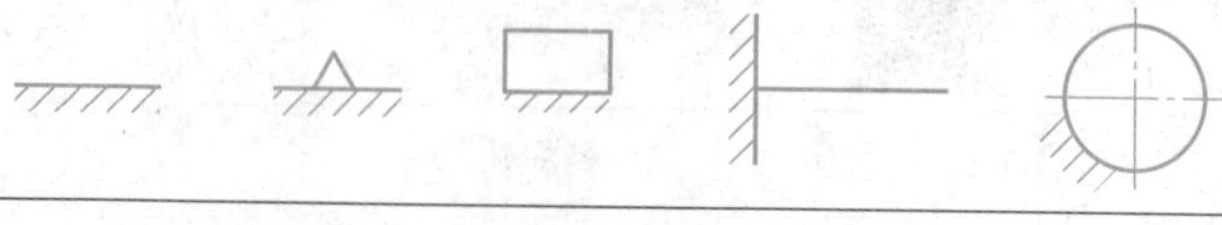

续表

一般构件	同一构件	
	两副构件	
	三副构件	

实际观察一下，工程上的零部件之间的连接有哪些类型，分别属于什么运动副？

工程上的运动副名称	运动过程	类型

步骤三　平面连杆机构原理分析与设计

❓ **想一想：**

观察如图 1-21 所示机构的运动，想一想：这些机构的运动有什么特点？如果要实现某种运动要求，如何设计特定的机构？

（a）　　　　　　　　（b）　　　　　　　　（c）

图 1-21　机构的运动

（a）起重机；（b）缝纫机踏板；（c）挖土机

相关知识

由观察可知，港口起重机吊运货物的起重臂、缝纫机的踏板以及挖土机铲斗臂有一个共同特征：它们都是由若干构件以低副（转动副和移动副）连接而成的机构，各构件间的相对运动在同一平面或互相平行的平面内，我们把这样的机构称为平面连杆机构，也叫平面低副机构。平面连杆机构的应用非常广泛，其主要特点是：低副、面接触、构造简单、易于加工、工作可靠。

平面连杆机构常以所含的构件数来命名，如四杆机构、五杆机构（五杆及以上的机构称为多杆机构）等。最基本最简单的平面连杆机构是由四个构件组成的平面四杆机构，它不仅应用广泛，而且是多杆机构的基础。平面四杆机构可以分为铰链四杆机构和滑块四杆机构两大类，前者是平面四杆机构的基本形式，后者由前者演化而来。

一、机构运动简图的绘制

在分析机构运动时，实际构件的外形和结构往往很复杂，为简化问题，工程通常不考虑那些与运动无关的构件外形、截面尺寸和运动副的具体构造，仅用规定的简单线条和符号来表示机构中的构件和运动副，并按一定的比例画出各运动副的相对位置及它们相对运动关系的图形。这种表示机构各构件间相对运动关系的简单图形就称为机构运动简图。

1. 机构的组成

如图 1 - 22 所示，根据机构中各构件的运动性质不同，可将其分为 3 部分：

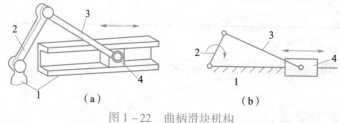

图 1 - 22　曲柄滑块机构

(a) 结构图；(b) 运动简图

1—机架；2—原动件；3，4—从动件

（1）机架

机构中用来支撑其他可动构件的固定构件。在机构简图中，将机架画上斜线表示，如图 1 - 22（b）中的 1。

（2）原动件

机构中作用有驱动力或已知运动规律的构件。在机构简图中，将原动件标上箭头表示运动方向，如图 1 - 22（b）中的 2。

（3）从动件

机构中除原动件以外的所有活动构件，如图 1 - 22（b）中的 3 和 4。

2. 平面机构运动简图的绘制

下面以如图 1 - 23 所示的抽水唧筒机构为例说明绘制机构简图的步骤。

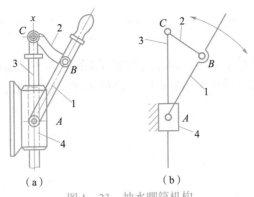

图 1 - 23 抽水唧筒机构

（1）分析机构，弄清构件数目

抽水唧筒机构由构件 1、2、3、4 共 4 个构件组成，其中构件 1 为原动件，构件 4 为机架。

（2）确定运动副的类型和数目，并查表 1 - 3 或机械设计手册绘出其符号

构件 1 和 2 在 B 点形成了转动副，其符号如图 1 - 24（a）所示；

构件 2 和 3 在 C 点形成了转动副，其符号如图 1 - 24（b）所示；

构件 3 和 4 形成了移动副，其符号如图 1 - 24（c）所示；

构件 4 和 1 在 A 点形成了转动副，其符号如图 1 - 24（d）所示。

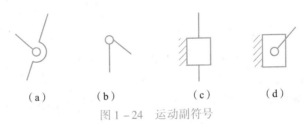

（a）　　　　（b）　　　　（c）　　　　（d）

图 1 - 24　运动副符号

（3）选择能充分反映机构特性的位置为绘图平面

选择构件 1、2、3、4 正投影面为绘图平面。

（4）测量主要尺寸，计算长度比例和图示长度

$$比例尺：\quad \mu = \frac{实际尺寸（m）}{图上尺寸（mm）}$$

经测量得：构件 1 上 AB 的长度 $L_1 = 800$ mm，构件 2 的长度 $L_2 = 400$ mm，构件 3 的长度 $L_3 = 700$ mm，根据图幅尺寸和机构结构综合考虑选择比例为 4 : 1。根据比例尺计算出构件 1、2、3 的图上尺寸分别为 200 mm、100 mm 和 175 mm。

（5）绘制机构运动简图

① 根据选定位置和各运动副的图示距离，绘出各运动副的相对位置，如图 1 - 25 所示。

② 用直线将同一构件的运动副连接起来，并标上构件号和原动件的运动方向，即得所求的抽水唧筒机构运动简图，如图 1 - 23（b）所示。

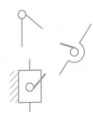

图 1 - 25　运动副的
相对位置

小提示

有时只要求定性地表达各构件间的相互关系，而不需要借助简图求解机构的运动参数，则可不按比例绘制简图，这种不按比例绘制的机构简图称作机构运动示意图。

二、铰链四杆机构

1. 铰链四杆机构的组成和类型

四根杆均用转动副连接，这种四杆机构称为铰链四杆机构，如图 1-26 所示。

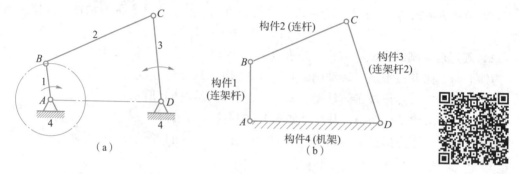

图 1-26　铰链四杆机构

在铰链四杆机构中，机架为固定不动的机构 4；连杆为不与机架直接相连的构件 2；与机架相连的构件 1、3 称为连架杆。

连架杆能绕机架做整周转动的称为曲柄，若只能绕机架在小于 360° 的范围内作往复摆动的则称为摇杆。

由此，根据连架杆运动形式的不同，铰链四杆机构可分为 3 种类型：曲柄摇杆机构、双曲柄机构和双摇杆机构，见表 1-5。

表 1-5　铰链四杆机构分类

类型	特征	作用	示例	
曲柄摇杆机构	曲柄为主动件、摇杆为从动件	将转动转换为摆动，或将摆动转换为转动	搅拌机	雨刮器

续表

类型	特征	作用	示　例
双曲柄机构	两个连架杆都是曲柄	将等速转动转换为等速同向、不等速同向、不等速反向等多种转动	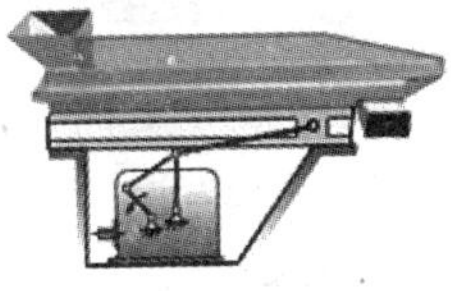 惯性筛 　　　　天秤
双摇杆机构	两个连架杆都是摇杆	将主动摇杆的摆角放大或缩小，使从动摇杆得到所需的角度，或利用连杆上某点的运动轨迹实现所需的运动	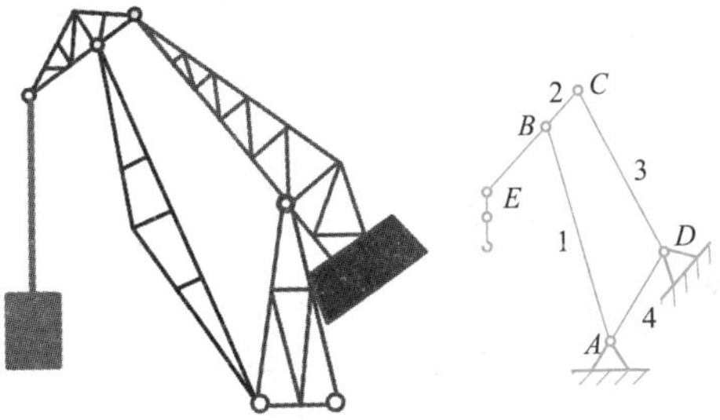 起重机

小提示

　　在双曲柄机构中，连杆与机架的长度相等且两个曲柄长度相等、曲柄转向相同的机构为平行双曲柄机构；连杆与机架的长度相等且两个曲柄长度相等、曲柄转向相反的双曲柄机构为反向双曲柄机构。

　2. 铰链四杆机构类型的判别

（1）曲柄存在条件

　　曲柄是否存在取决于机构中各杆的长度，即要使连架杆能做整周转动而成为曲柄，各杆长度必须满足一定的条件，这就是曲柄存在的条件，通过几何计算可以推导，曲柄存在的条件应包括两点：

　　① 最短杆与最长杆的长度之和小于或等于其余两杆长度之和；

　　② 连架杆和机架中必有一杆是最短杆。

（2）判别方法

　　通过实验的方式归纳出铰链四杆机构类型的判别方法见表1-6。

表 1-6　铰链四杆机构基本类型的判别方法

前提	类型	条件	示　例
最短杆与最长杆的长度之和小于或等于其余两杆长度之和	曲柄摇杆机构	连架杆之一为最短杆，即最短杆是连架杆	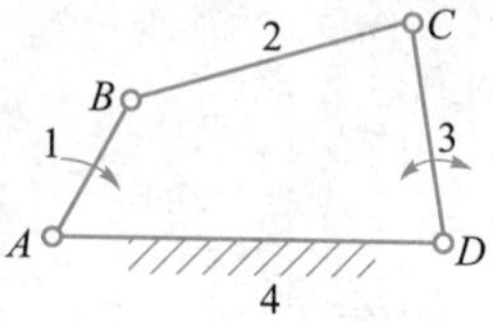 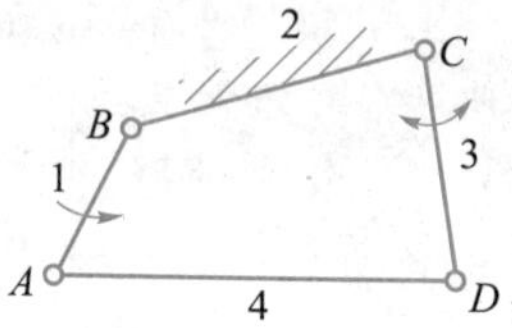
	双曲柄机构	机架为最短杆	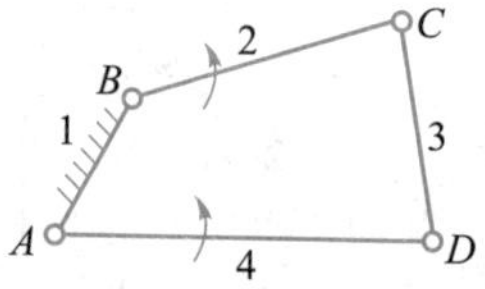
	双摇杆机构	连杆为最短杆	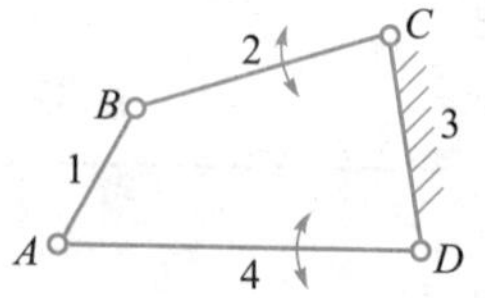
最短杆与最长杆的长度之和大于其余两杆长度之和	均为双摇杆机构		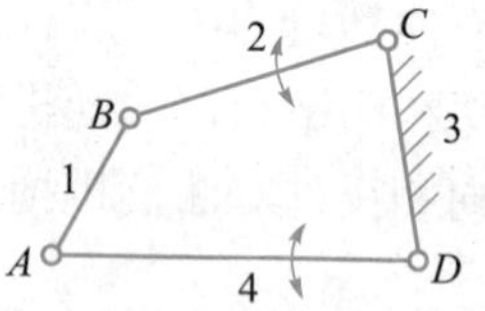

3. 铰链四杆机构的演化

（1）曲柄滑块机构

图 1-27 所示为柴油机中的气缸机构，气缸内燃气膨胀推动活塞做功，再通过曲柄连杆机构输出机械功，从而实现柴油发动机的往复运动。

为实现柴油机的往复循环运动，柴油机气缸的主要运动构件曲柄、连杆和活塞组成了哪种类型的运动机构？

曲柄滑块机构是具有一个曲柄和一个滑块的平面四杆机构，是由曲柄摇杆机构演化而来的，如图 1-28 所示。

曲柄滑块机构用于转动与往复移动之间的运动转换，广泛应用于内燃机、空气压缩机、冲床和自动送料机等机械设备中。曲柄滑块机构应用举例见表 1-7。

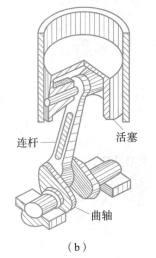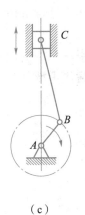

连杆 活塞

曲轴

（a） （b） （c）

图 1-27 柴油机中的气缸机构

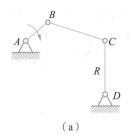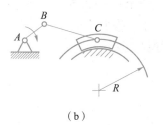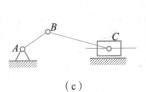

（a） （b） （c）

图 1-28 曲柄滑块的演化过程

表 1-7 曲柄滑块机构应用举例

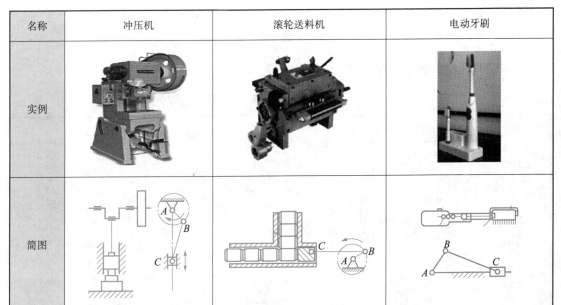

名称	冲压机	滚轮送料机	电动牙刷
实例			
简图			

（2）定块机构

如果改变曲柄滑块机构的固定件，取图1-29所示的构件3滑块作为机架，曲柄滑块机构便演化为定块机构，这种机构常应用于抽水机和油泵。

（3）摇块机构

如果改变曲柄滑块机构的固定件，取图1-30所示的构件2作为机架，则可得摇块机构，这种机构广泛应用于液压驱动装置中。

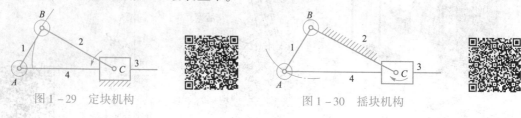

图1-29 定块机构　　　　　　　图1-30 摇块机构

（4）导杆机构

导杆机构可看成是改变曲柄滑块机构中的机架而演化来的，将与滑块组成移动副的杆状活动构件称为导杆。连架杆中至少有一个构件为导杆的平面四杆机构称为导杆机构。导杆机构可分为转动导杆机构和摆动导杆机构两类。导杆能做整周回转运动的称为转动导杆机构，如图1-31（a）所示；导杆仅在某一个角度范围内摆动的称为摆动导杆机构，如图1-31（b）所示。

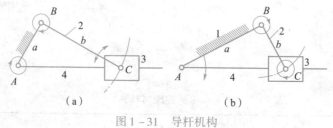

（a）　　　　　　　　（b）

图1-31 导杆机构

（a）转动导杆机构；（b）摆动导杆机构

曲柄滑块机构的演化机构应用实例见表1-8。

表1-8 曲柄滑块机构的演化机构应用实例

名称	导杆机构	定块机构	摇块机构
实例	牛头刨床主运动	手动抽水机构	自卸汽车卸料机构

续表

名称	导杆机构	定块机构	摇块机构
简图	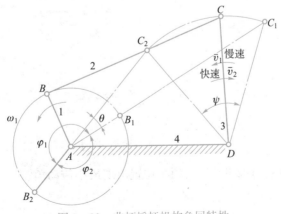		

三、四杆机构的特性

四杆机构的基本特性包括运动特性和传力特性。了解机构的特性，对正确选择平面连杆机构的类型和设计平面连杆机构具有重要意义。

1. 四杆机构的运动特性

（1）极位

在曲柄摇杆机构、摆动导杆机构和曲柄滑块机构中，当原动件曲柄做整周连续转动时，从动件做往复摆动或往复移动的两个极限位置，称为极位。图 1-32 所示的曲柄摇杆机构中，从动件摇杆所处的两个极限位置 C_1D、C_2D，即该机构的极位。

图 1-32 曲柄摇杆机构急回特性

（2）急回特性

急回特性指从动件空行程时的平均速度大于工作行程的平均速度。

如图 1-32 所示的曲柄摇杆机构，当主动曲柄 AB 等速转动一周时，曲柄 AB 与连杆

BC 有两次共线位置 AB_1 和 AB_2，这时从动件摇杆 CD 分别位于左、右两个极限位置 C_1D 和 C_2D，其夹角 ψ 称为摇杆摆角，它是从动件的摆动范围。摇杆在 C_1D 和 C_2D 两个极限位置时，曲柄与连杆共线，对应两位置所夹的锐角，用 θ 表示，称为极位夹角。

设摇杆从 C_1D 到 C_2D 的行程为工作行程——该行程克服阻力做功。从 C_2D 到 C_1D 的行程为空回行程——该行程只克服运动副中的摩擦力。C 点在工作行程和空回行程的平均速度分别为 $\bar{v}_1$ 和 $\bar{v}_2$。由于曲柄 AB 在两行程中的转角分别为 $\varphi_1 = 180° + \theta$ 和 $\varphi_2 = 180° - \theta$，所以所对应的时间为 t_1 和 t_2，且有 $t_1 > t_2$，因而 $\bar{v}_2 > \bar{v}_1$。

机构的急回特性能满足某些机械的工作要求，比如牛头刨床和插床。

机构的急回特性可用行程速比系数 K 表示：

$$K = \frac{\bar{v}_2}{\bar{v}_1} = \frac{t_1}{t_2} = \frac{180° + \theta}{180° - \theta} \qquad (1-8)$$

极位夹角 θ 越大，机构的急回特性越明显。

极位夹角是设计四杆机构的重要参数之一。原动件做等速运动、从动件做往复摆动（或移动）的四杆机构，都可以按照机构的极位做出其摆角（或行程）和极位夹角。

2. 四杆机构的传力特性

（1）压力角与传动角

如图 1-33 所示的铰链四杆机构中，压力角为从动件所受的力 F 与受力点速度 v_c 所夹的锐角 α。其中，有效分力为 $F_t = F\cos\alpha$；有害分力为 $F_n = F\sin\alpha$。由实验可知，压力角越小，机构传动性能越好。

传动角是连杆与从动件所夹的锐角 γ，其中 $\gamma = 90° - \alpha$。γ 越大，机构的传动性能越好，设计时一般应使 $\gamma_{min} \geqslant 40°$，对于高速大功率机械应使 $\gamma_{min} \geqslant 50°$。

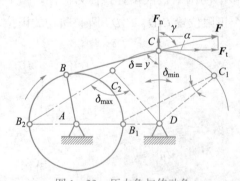

图 1-33 压力角与传动角

铰链四杆机构在曲柄与机架共线的两个位置出现最小传动角。

（2）死点位置

如图 1-34 所示，当处于从动曲柄与连杆共线的两个位置之一时，出现机构的传动角 $\gamma = 0$，压力角 $\alpha = 90°$ 的情况，这时连杆对从动曲柄的作用力恰好通过其回转中心，不能推动曲柄转动，机构的这种位置称为死点位置。

对于传动机构来说，死点是不利的，应该采取措施使机构能顺利通过死点位置。对于连续运转的机器，可以利用从动件惯性来通过死点位置。例如缝纫机就是借助于带轮的惯性通过死点位置的。

死点位置并非总是起消极作用，工程中，也常利用死点位置来实现一定的工作要求，如图 1-35 所示的夹紧装置。当工件夹紧后，BCD 成一直线，撤去外力 F 之后，机构在工件反弹力 T 的作用下，处于死点位置，即使反弹力很大工件也不会松脱，使夹紧牢固可靠。

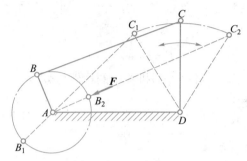

图 1-34　死点位置

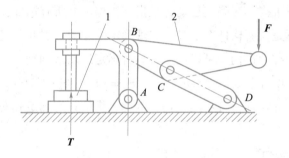

图 1-35　死点位置的利用

四、平面机构的自由度

1. 自由度及其计算

机构具有独立运动的数目称为机构的自由度，用 F 表示。如图 1-36 所示，对于任意一个构件，当它尚未与其他构件连接之前，称为自由构件，它可以产生 3 个独立运动，即沿 x、y 方向的移动和绕垂直于 oxy 面的轴线 A 的转动。因此，做平面运动的构件有 3 个自由度。

当一个构件与其他构件相互连接时，某些独立运动将受到限制，这种限制称为约束。构件每增加一个约束，便失去一个自由度。

在平面机构中，如果有 n 个自由活动的构件，在它们没有受到任何约束的时候，理论上应有 $3n$ 个自由度。

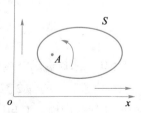

图 1-36　自由构件的自由度

机构中的构件是通过运动副连接在一起的，转动副限制构件只能在一个平面内相对转动，移动副限制构件只能沿某一轴线方向移动，因此一个转动副或一个移动副能引入两个约束，即减少两个自由度。实践证明，低副引入两个约束，即减少两个自由度。凸轮与从动件、齿轮与齿轮组成高副，彼此间的相对运动是沿接触点公切线方向的相对移动和在平面内的相对转动，而沿公法线方向的相对移动受到限制，因此一个高副引入一个约束，即减少一个自由度。

设一个平面机构由 N 个构件组成，其中必定有一个构件为机架，其活动构件数为 $n = N-1$，若机构中有 P_1 个低副，那么就约束了 $2P_1$ 个自由度，有 P_h 个高副，就约束了 P_h 个自由度，则机构的自由度 F 为

$$F = 3n - 2P_1 - P_h \qquad (1-9)$$

式中，n——活动构件数，$n = N-1$（N 为机构中的构件总数）；

P_1——机构中低副数目；

P_h——机构中的高副数目。

2. 机构具有确定运动的条件

机构是由若干构件通过运动副连接而成的，机构要实现预期的运动传递和变换，必须使其运动具有可能性和确定性。所谓机构具有确定运动，是指该机构中的所有构件，在任一瞬时的运动都是完全确定的。由于不是任何构件系统都能实现确定的运动，因此不是任何构件系统都能称为机构。构件系统能否称为机构，可以用是否具有确定运动来判别。

如图 1-37 所示，机构的自由度等于 0（$F = 3n - 2P_1 - P_h = 3 \times 2 - 2 \times 3 = 0$），各构件之间不能产生任何相对运动，故这样的构件组合不是机构，因此，机构具有确定相对运动的条件是自由度 $F > 0$。

$F > 0$ 的条件只能表明机构能够运动，并不能说明机构的运动是否确定。

图 1-38 所示为五杆铰链机构，其自由度为：

$$F = 3n - 2P_1 - P_h = 3 \times 4 - 2 \times 5 - 0 = 2$$

图 1-37　桁架

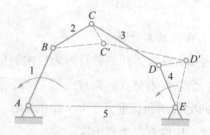

图 1-38　五杆铰链机构

$F > 0$ 说明机构能够运动。若仅给定一个原动件，例如构件 1 绕 A 点均匀转动，当构件 1 处于 AB 位置时，构件 2、3、4 可处于不同的位置，即这三个构件的运动不确定。但若给定两个原动件，如构件 1 和构件 4 分别绕点 A 和点 E 转动，则构件 2 和构件 3 的运动就能完全确定。

由此可知，机构具有确定相对运动的条件为：$F > 0$；F 等于机构原动件个数。

3. 计算平面机构自由度应注意的事项

（1）复合铰链

两个以上的构件在同一轴线上用转动副连接所组成的运动副称为复合铰链。图1-39所示为三个构件组成的复合铰链，图中构件2与构件1、构件3构成两个转动副，以此类推，由K个构件组成的复合铰链，应当包含$K-1$个转动副。

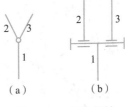

图1-39 复合铰链

（2）局部自由度

机构中某些构件所产生的局部运动并不影响其他构件的运动，这种构件所产生的局部运动称为局部自由度。在计算机构自由度时，局部自由度应忽略不计。

如图1-40（a）所示的凸轮机构，加入滚子2可使高副接触的滑动摩擦变为滚动摩擦，从而减少摩擦力。用式（1-9）直接计算其自由度$F = 3n - 2P_1 - P_h = 3 \times 3 - 2 \times 3 - 1 = 2$。从计算结果看，该机构需要两个原动件，但从机构本身看，如果将凸轮1作为原动件，构件3必然有确定的相对运动。因此，实际上应该是$F = 1$。这是由于滚子2转动与否对整个机构的运动并无影响。滚子2的这种不影响整个机构运动的多余自由度称为局部自由度，在计算机构自由度时可以去除不计。如图1-40（b）所示，把滚子2看成是和构件3焊接在一起的一个刚性构件，则$n = 2$，$P_1 = 2$，$P_h = 1$，由式（1-9）可知，该机构的自由度数为

$$F = 3n - 2P_1 - P_h = 3 \times 2 - 2 \times 2 - 1 = 1$$

即当凸轮1为原动件时，从动件的运动是确定的。

（3）虚约束

在运动副引入的约束中，有些约束对机构自由度的影响是重复的，这些在机构中与其他约束重复而不起限制作用的约束称虚约束，计算机构自由度时可以不计。平面机构中的虚约束，常出现在以下情况中。

① 当两个构件在多处接触并组成相同的运动副时，就会引入虚约束。如图1-41（a）所示的安装齿轮的轴与支承轴的两个轴承之间组成了两个相同的且其轴线重合的转动副A和A'。从运动的角度来看，这两个转动副中只有一个起约束作用，另一个转动副是虚约束；在图1-41（b）所示的凸轮机构中，从动件与机架间组成了两个相同的，且导路重合的移动副B和B'。此时，只有一个移动副起约束作用，其余为虚约束。

② 如果机构中两活动构件上某两点的距离始终保持不变，此时若用有两个转动副的附加构件来连接这两个点，会使连接点上的运动轨迹重合，则将会引入一个虚约束。机车车轮联动机构中的虚约束如图1-42所示。

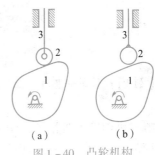

图1-40 凸轮机构

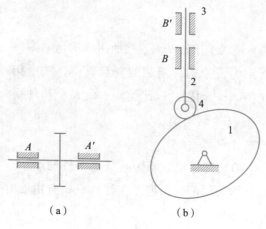

图 1-41　虚约束

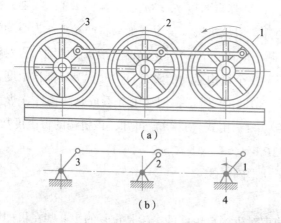

（a）

（b）

图 1-42　机车车轮联动机构中的虚约束

③ 机构中对传递运动不起独立作用的、结构相同的对称部分，使机构增加虚约束。如图 1-43 所示的行星轮系，为了受力均衡，采用了三个行星齿轮对称布置，它们所起的作用完全相同，从运动的角度来看，只需要一个行星轮即可满足要求。因此其中只有一个行星轮所组成的运动副为有效约束。

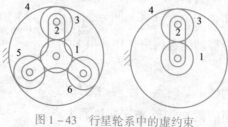

图 1-43　行星轮系中的虚约束

【例 1】：计算如图 1-44 所示筛料机构的自由度，并指出复合铰链、局部自由度和虚约束。

解：机构中 F 处滚子自转为一个局部自由度，C 处 BC、DC、GC 三杆共用转动副，为复合铰链，E、E' 处为虚约束。

由图可知：$n = 7$，$P_1 = 9$，$P_h = 1$，由式（1-9）可知，该机构的自由度为

$$F = 3n - 2P_1 - P_h = 3 \times 7 - 2 \times 9 - 1 = 2$$

自由度数与原动件数相等，所以机构运动确定。

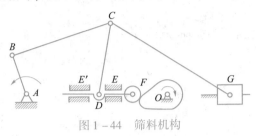

图 1-44　筛料机构

五、平面四杆机构的设计

设计平面四杆机构，就是根据给定的运动条件，选定机构的形式，确定机构各构件的尺寸参数。

设计机构的方法有解析法、图解法和实验法。解析法计算量大，精度高，适用于计算机设计；图解法直观性强，简单易行，但设计精度低，可以满足一般机械的设计要求；实验法一般用于运动要求比较复杂的四杆机构。这里主要介绍图解法。设计内容主要包括两个方面。

① 按照从动件的运动形式选择合理的机构类型；

② 根据给定的运动参数或其他条件（如最小传动角、几何条件等）确定机构运动简图的尺寸参数。

1. 按给定行程速比系数 K 设计四杆机构

按给定的行程速比系数 K 设计四杆机构适用于具有急回特性的四杆机构设计。在设计时，通常按照实际需要先给定行程速度变化系数 K 的数值，然后根据机构在极限位置的几何关系，结合有关辅助条件来确定机构运动简图的尺寸参数。

具有急回特性的四杆机构有曲柄摇杆机构、摆动导杆机构等。下面以典型的曲柄摇杆机构设计为例进行讲解。

已知摇杆长度 l_{CD}、摆角 ψ 和行程速比系数 K，该机构设计步骤如下：

① 根据实际尺寸确定适当的长度比例尺 μ_1（m/mm 或 mm/mm）

② 按给定的行程速比系数 K，求出极位夹角 θ。

③ 如图 1-45 所示，任选固定铰链中心 D 的位置，按摇杆长度 l_{CD} 和摆角 ψ 作出摇杆两个极位 $C_1 D$ 和 $C_2 D$。

④ 连接 C_1 和 C_2，并作 $C_1 M$ 垂直于 $C_1 C_2$。

⑤ 作 $\angle C_1 C_2 N = 90° - \theta$，得 $C_2 N$ 与 $C_1 M$ 相交于 P 点，由图 1-45 可见 $\angle C_1 P C_2 = \theta$。

⑥ 作 $\triangle P C_1 C_2$ 的外接圆，在此圆周上任取一点 A 作为曲柄的固定铰链中心。连接 $A C_1$ 和 $A C_2$，因同一圆弧的圆周角相等，故 $\angle C_1 A C_2 = \angle C_1 P C_2 = \theta$。

⑦ 因为在极位处，曲柄与连杆必共线，故 $A C_1 = BC - AB$，$A C_2 = BC + AB$，从而得曲柄 $AB = (A C_2 - A C_1)/2$，$BC = (A C_2 + A C_1)/2$。于是：

$$l_{AB} = \mu_1 AB, \quad l_{BC} = \mu_1 BC, \quad l_{AD} = \mu_1 AD$$

由于 A 点是在 $\angle C_1PC_2$ 外接圆上的任选点，所以若仅按照行程速比系数 K 设计，可得无穷多解。A 点位置不同，机构传动角的大小也不同。要获得良好的传动性能，还需要借助其他辅助条件来确定 A 的位置。

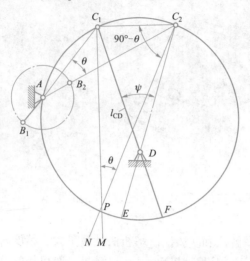

图 1-45　按给定的行程速比系数 K 设计四杆机构

2. 按给定连杆的两个位置设计四杆机构

已知连杆的两个位置 B_1C_1、B_2C_2 及其长度 l_{BC}，设计铰链四杆机构。

设计分析：按给定条件，画出设想的四杆机构，如图 1-46 所示，由图可知，待求的铰链中心点 A、D 分别是 B 点的轨迹 B_1B_2 和 C 点的轨迹 C_1C_2 的圆心。

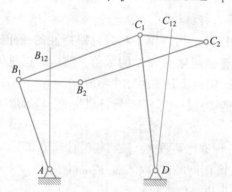

图 1-46　按给定连杆两个位置设计四杆机构

作图步骤：

① 选取比例尺 μ_1（m/mm 或 mm/mm）

② 由设计条件，作 B_1B_2 中垂线 B_{12} 和 C_1C_2 中垂线 C_{12}。

③ 在 B_{12} 上任取一点 A，在 C_{12} 上任取一点 D，连接 AB_1 和 C_1D，即得到各构件的长度为 $l_{AB}=\mu_1AB_1$，$l_{CD}=\mu_1CD_1$，$l_{AB}=\mu_1AB_1$，$l_{AD}=\mu_1AD$。

由于 A、D 两点是任意选定的，所以有无穷多组解，必须给出辅助条件，才能得到确定的解。

请绘制出如图1-47所示的缝纫机下针机构的机构简图，并分析此机构属于什么类型的平面连杆机构及其运动过程。

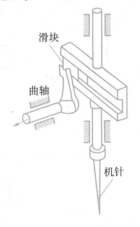

图1-47 缝纫机下针机构

机构简图	所属的平面连杆机构类型	运动过程分析

步骤四 缝纫机踏板机构原理、受力分析及简图绘制

想一想：

根据前边3个步骤所学的内容，进行本任务的最终实施，想一想如何分析缝纫机踏板机构的运动原理、绘制其机构简图，并进行受力图的绘制，如图1-48所示。

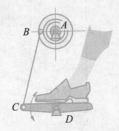

图1-48 缝纫机踏板结构图

做一做

说　明	结　果	
	实图	示意图
缝纫机踏板机构零件组成及装配示意图	结构图如图1-48所示	1—踏板；2—连杆； 3—曲柄；4—皮带轮
	分析	运动简图
缝纫机踏板机构运动简图的绘制	踏板1与固定缝纫机（机架）为转动副连接；与连杆2的连接为转动副；连杆2与曲柄3的连接为转动副；曲柄3带动皮带轮4一起转动，二者可看成是一个机构；曲柄3及皮带轮固定在缝纫机固定架（机架）上，为转动副连接	
	简图	受力图
对运动简图进行零部件受力分析	（三个杆件均为二力杆）	杆 AB
		杆 BC
		杆 CD

任务拓展训练（学习工作单）

任务名称	平面连杆机构		日期	
组长		班级	小组其他成员	
实施地点				
实施条件				
任务描述	分析单缸四冲程内燃机的工作原理，绘制其机构简图及受力分析图			
任务分析				
任务实施步骤				
评价				

评价细则	专业能力	基础知识掌握	素质能力	正确查阅相关资料
		工作原理分析		严谨的工作态度
		机构简图绘制		语言表达能力
		简图受力分析		小组配合默契，团结协作
	成绩			

巩固练习

一、思考题

1. 如图 1-49 所示，已知构件 AB 为二力杆，重力不计，处于平衡状态，请分析对其受力是否正确？为什么？

图 1-49　思考题 1 图

2. 请分组讨论，举例说出工程上典型的运动副，并说明属于低副还是高副。

3. 在图 1-48 所示的家用缝纫机踏板机构中，机架、原动件、从动件分别是哪些构件？

4. 图 1-50（a）和图 1-50（b）分别是机车车轮联动机构与车门启闭机构的示意图，请分析它们各是什么类型的机构，并描述其是如何运动的。

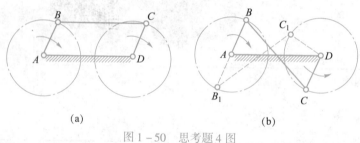

| (a) | (b) |

图 1-50　思考题 4 图
(a) 机车车轮联动机构；(b) 车门启闭机构

5. 如图 1-51 所示的四杆机构分别属于什么类型？

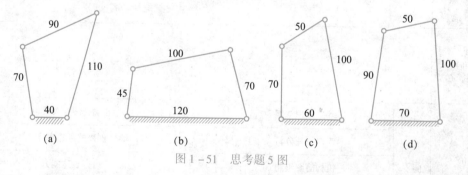

(a)　　　(b)　　　(c)　　　(d)

图 1-51　思考题 5 图

二、分析题

1. 计算如图 1-52 所示结构中力 F 对 O 点的力矩，计算图 1-53 中力对 A 点之矩。

2. 如图 1-54 所示，未画出重力的各物体的自重不计，所有接触面均为光滑接触。试画出下列各物体（不包括销钉与支座）的受力图及整体的受力图。

3. 用前面所学的力学性质，证明一下力的可传性，如图 1-55 所示。

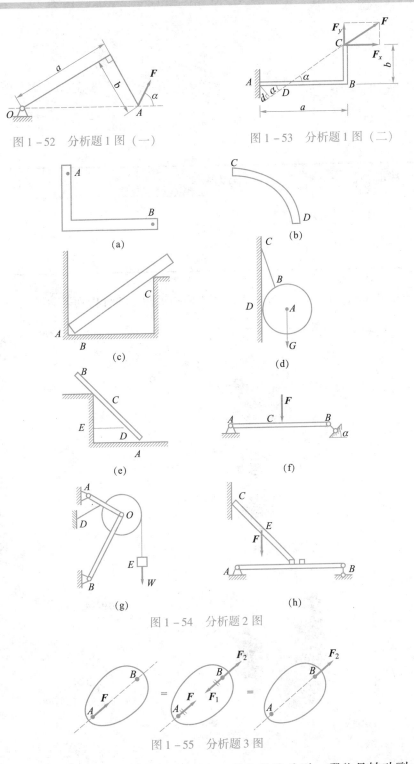

图 1-52　分析题 1 图（一）　　　　图 1-53　分析题 1 图（二）

图 1-54　分析题 2 图

图 1-55　分析题 3 图

4. 分析一下在如图 1-56 所示的运动副中，哪些是移动副？哪些是转动副？哪些是高副？

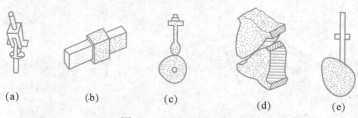

(a)　　　　　(b)　　　　　(c)　　　　　(d)　　　　　(e)

图 1-56　分析题 4 图

高副	转动副	移动副

5. 分析如图 1-57 所示各图分别为什么类型的机构？并分析其运动过程。

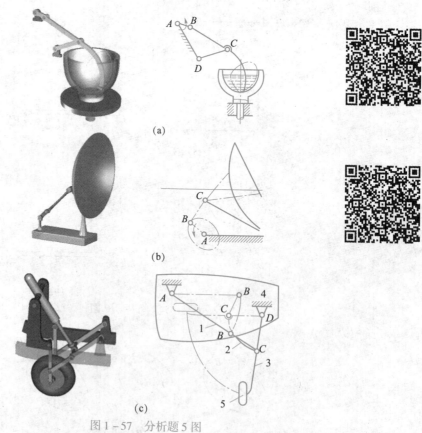

(a)

(b)

(c)

图 1-57　分析题 5 图

(a) 搅拌机；(b) 雷达天线俯仰角的调整机；(c) 飞机起落架

6. 计算图 1-58 中各机构的自由度（机构中如有复合铰链、局部自由度、虚约束，需予以指出）。

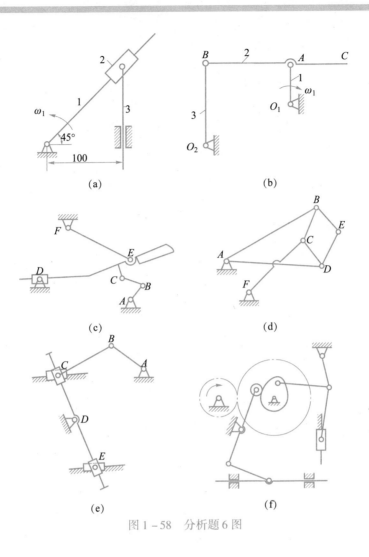

图 1-58 分析题 6 图

任务 2　凸轮机构

任务目标 ≫

【知识目标】

◇ 掌握凸轮机构的结构及类型；
◇ 熟悉凸轮机构从动件的运动规律；
◇ 掌握凸轮机构凸轮轮廓曲线的设计步骤。　、

【能力目标】

◇ 能根据传动要求合理选择凸轮机构的类型；
◇ 能够绘制凸轮机构简图；
◇ 能够设计凸轮轮廓曲线。

【职业目标】

◇ 培养学生共同协作、解决问题的素质；
◇ 培养学生求知好问、科学严谨的品质。

任务描述 ≫

图 2–1 所示为车床自动横向进刀机构示意图，试分析车床自动横向进刀机构的工作原理，并绘制其机构的运动简图。

图 2–1　车床自动横向进刀机构示意图

分析与说明	初步结果
车床自动横向进刀机构的工作原理调查分析：	

 任务分析

车床是主要用车刀对旋转的工件进行车削加工的机床，车床的生产历史最久，品种最多，历来是机械制造和修配工厂中使用最广的一类机床。

通过本项目的学习，我们需要了解车床自动横向进刀机构的基本构造及各零部件的名称、功用；熟悉机构的工作原理和结构特点，对凸轮机构的相关知识点以及其工作原理、结构及应用形成感性认识，并掌握车床自动横向进刀机构的原理分析、绘制机构简图，并对机构进行简单受力分析、绘制受力图。

学习任务分解
步骤一　凸轮机构概述
步骤二　凸轮机构的运动规律
步骤三　凸轮机构的设计
步骤四　车床自动横向进刀机构原理分析及简图绘制

 任务实施

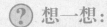 **步骤一　凸轮机构概述**

(?) **想一想：**

阅读如下"相关知识"，想一想：凸轮机构的组成和特点是什么？凸轮机构主要应用于什么场合？分为几大类型？

▣ 相关知识

观察如图 2-2 所示机构的运动。

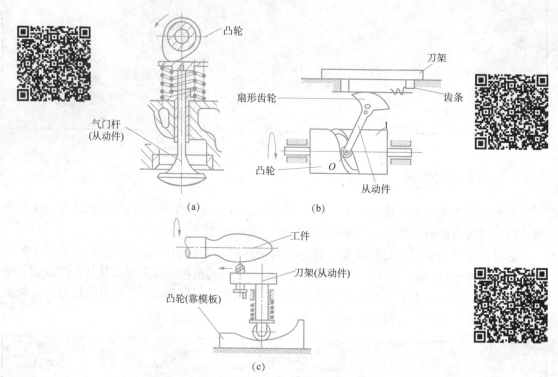

图 2-2 凸轮机构的实例运动

（a）内燃机配气机构；（b）自动车床走刀机构；（c）靠模车削机构

由观察可知，这些机构的运动中都包括一个名叫凸轮的构件，凸轮是一种具有曲线轮廓或凹槽的构件，它通过与从动件的高副接触，在运动时可以使从动件获得连续或不连续的任意预期运动。凸轮参与旋转运动，从而带动其他构件产生转动或直线运动，而产生的运动是往复的，此即为这类机构的运动特点，此类包含凸轮构件的机构被称为凸轮机构。

凸轮机构——依靠凸轮轮廓直接与从动件接触，使从动件做有规律的直线往复运动（直动）或摆动，如图 2-3 所示。

1. 凸轮机构的组成及特点

观察如图 2-3 所示的凸轮机构，它由凸轮 1、从动杆 2 及机架 3 组成。凸轮做转动，从动杆做上下移动。

对应到内燃机配气机构示意图中，如图 2-4 所示，其运动过程为凸轮 1 做转动，气门杆 2（从动杆）做上下移动，气门由气缸盖 3（机架）支撑。

凸轮机构的基本特点在于结构简单、紧凑，易于实现从动件任意预期的运动规律；但另一方面，凸轮轮廓与从动件之间是点接触或线接触，即凸轮机构是高副机构，易于磨损，因此只适用于传动动力不大的场合。

2. 凸轮机构的分类

凸轮机构的分类繁多，通常分类见表 2-1。

图 2－3 凸轮机构简图

1—凸轮；2—从动杆；3—机架

图 2－4 内燃机配气机构示意图

1—凸轮；2—气门杆；3—气缸盖

表 2－1 凸轮的分类

依据	类别	示意图	特 点
按照凸轮形状分类	盘形凸轮		它是一个具有径向尺寸变化并绕固定轴回转的盘形构件。其结构简单，适用于推杆行程比较短的传动，应用较广
	移动凸轮		它可看作是转轴在无穷远处的盘形凸轮的一部分，凸轮做往复直线运动，推动推杆在同一平面内做往复运动
	圆柱凸轮		它是一个在圆柱面上开有曲线凹槽，或是在圆柱端面上做出曲线轮廓的构件，它可看作是将移动凸轮卷于圆柱体上形成的，可用在推杆行程比较长的场合
按从动件末端形状分类	顶尖从动件		它的构件简单，但易磨损，只适用于作用力不大、低速的场合
	滚子从动件		由于滚子和凸轮轮廓之间为滚动摩擦，所以磨损小，用于传递较大的动力，应用较广
	平底从动件		由于凸轮对推杆的作用力始终垂直于推杆的底面，所以受力平稳，而且凸轮与平底接触面间容易形成油膜，润滑较好，用于高速传动

小提示

盘形凸轮和移动凸轮与从动件之间的相对运动为平面运动，属于平面凸轮机构。圆柱凸轮与从动件之间的相对运动为空间运动，属于空间凸轮机构。

实际应用中的凸轮机构，通常是上述几种凸轮机构的综合。

优点：结构简单紧凑，工作可靠，设计适当的凸轮轮廓曲线可使从动件获得任意预期的运动规律。

缺点：凸轮与从动件（杆或滚子）之间以点或线接触，不便于润滑，易磨损。

应用：多用于传力不大的场合，如自动机械、仪表、控制机构和调节机构中。

步骤二 凸轮机构的运动规律

? 想一想：

阅读如下"相关知识"，试着对凸轮机构进行运动分析，想一想：为什么凸轮机构的轮廓形状各异，却能准确地控制从动件按照一定的规律运动？凸轮的轮廓曲线有什么规律吗？

相关知识

一、凸轮机构运动过程及有关参数

以如图 2-5 所示的尖顶直动从动件盘形凸轮机构为例，说明原动件凸轮与从动件间的运动关系及有关参数。

1. 升程

如图 2-6 所示，当凸轮逆时针方向回转一个角度 φ_0 时，从动杆将上升一段位移，这个过程称为从动杆的升程。它所移动的距离 h 称为行程，而与升程对应的转角 φ_0 称为升程角，如图 2-7 所示。

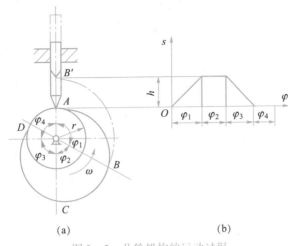

（a）　　　　　　　　　　　　（b）

图 2 - 5　凸轮机构的运动过程

（a）凸轮机构工作过程；（b）从动件的位移线图

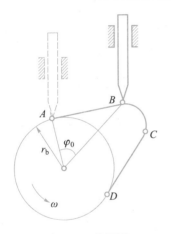

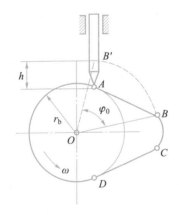

图 2 - 6　升程图　　　　　　　图 2 - 7　行程与升程角

2. 远停程

如图 2 - 8 所示，凸轮继续回转 φ_1 时，圆弧 BC 半径相同，从动杆在最高位置停歇不动，称为远停程，角 φ_1 称为远停程角。

3. 回程

如图 2 - 9 所示，凸轮继续回转 φ_2 时，从动杆以一定的规律回到起始位置，这个过程称为回程，角 φ_2 称为回程角。

4. 近停程

如图 2 - 10 所示，凸轮再回转 φ_3 时，从动杆在最近位置停歇不动，称为近停程，角 φ_3 称为近停程角。

5. 基圆半径

如图 2 - 11 所示，以凸轮轮廓最小向径 r_b 为半径作的圆为基圆，其半径为基圆半径。

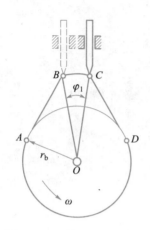

图 2-8　远停程与远停程角

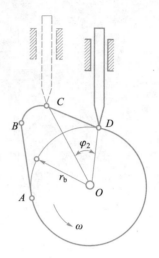

图 2-9　回程与回程角

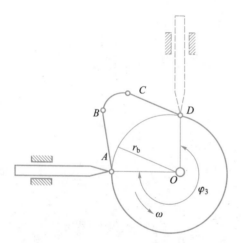

图 2-10　近停程与近停程角

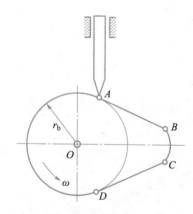

图 2-11　凸轮轮廓最小向径

　　凸轮转过一周，从动件经历升程、远停程、回程、近停程 4 个运动阶段，是典型的升—停—回—停的双停歇循环。工程中，从动件运动也可以是一次停歇或没有停歇的循环。

　　行程 h 以及各阶段的转角，即 φ_0、φ_1、φ_2、φ_3 是描述凸轮运动的重要参数。

　　下面以如图 2-4 所示的内燃机配气机构为例，进行凸轮机构实例的运动分析。

　　① 凸轮 1 逆时针回转，当凸轮 1 的曲线轮廓 AD 部分（向径逐渐增大）与气门杆 2 平底接触时，轮廓迫使气门杆 2（从动件）克服弹簧力向下移动，从而使气门打开；凸轮 1 继续回转，曲线轮廓 DC 部分（向径逐渐减小）与气门杆 2 平底接触时，气门杆 2（从动件）在弹簧力的作用下向上移动，从而使气门关闭。

　　② 当凸轮 1 的曲线轮廓 ABC 部分（等半径圆弧）通过气门杆 2 时，气门杆 2 静止不动，气门保持关闭状态。

　　③ 由以上分析可知，凸轮 1 的形状决定着气门杆 2 的运动规律，凸轮的形状影响气门的开闭时刻及高度。

二、凸轮机构从动件的运动规律

从动件的运动规律曲线指从动件的位移 s、速度 v、加速度 α 随时间 t 或凸轮转角 δ 变化的关系曲线。这些曲线表达了从动件的运动规律。

当凸轮以等角速度转动时，转角与时间成正比。凸轮机构从动件常见的运动规律及曲线见表 2-2。

表 2-2 从动件常见的运动规律

名称	特点	应用场合	位移/速度曲线图
等速运动规律	从动件运动的起始和终止位置速度有突变，使加速度达到无穷大，产生刚性冲击，随着凸轮的连续转动，从动件将产生连续的周期性的刚性冲击。这样，凸轮机构在工作中就会引起强烈的振动，对工作十分不利	适用于凸轮做低速回转、从动件质量小的场合	
等加速等减速运动规律	运动速度逐步增大又逐步减小，避免了运动速度的突变，改善了从动件在速度转折点处的惯性冲击，但仍有一定程度的柔性冲击存在	适用于凸轮做中、低速回转，从动件质量不大的场合	

名称	特点	应用场合	位移/速度曲线图
余弦加速度运动规律（简谐运动规律）	此运动在行程的始末两点加速度存在有限突变，故存在柔性冲击	适用于中速场合	
正弦加速度运动规律（摆线运动规律）	此运动在行程的整个过程中都不存在突变，基本无冲击	适用于高速轻载的场合	

步骤三　凸轮机构的设计

❓ **想一想：**

已知一对心尖顶移动从动件盘形凸轮机构，凸轮以等角速度逆时针方向回转，从动杆与凸轮的运动关系如图 2–12 所示。

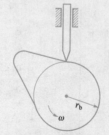

图 2–12　尖顶对心凸轮

基圆半径 $r_b = 20$ mm，从动件的运动规律见表2-3，试设计该凸轮的轮廓。

表2-3 从动杆与凸轮的运动关系

凸轮转角	0°~120°	120°~180°	180°~300°	300°~360°
从动件运动规律	等速上升20 mm	远停程	等加速、等减速下降回原位	停止不动

相关知识

设计凸轮机构，包括按照使用要求选择凸轮类型、根据从动件运动规律（位移线图）和基圆半径绘制凸轮轮廓。

一、凸轮轮廓曲线的绘制

下面介绍用图解法绘制凸轮轮廓。图解法设计盘形凸轮轮廓曲线采用的方法是反转法。

1. 设计原理

给整个凸轮机构加上一个公共角速度（$-\omega$），这时凸轮与从动件之间的相对运动并未改变，但凸轮变为相对静止，而从动件连同机架导路一方面以角速度（$-\omega$）绕轴心 O 回转，另一方面从动件又相对于机架导路做往复移动。由于从动件的尖顶始终与凸轮轮廓保持接触，所以反转后尖顶的运动轨迹就是凸轮的轮廓。根据上述分析，在设计凸轮轮廓时，可假设凸轮静止不动，从动件连同机架导路相对于凸轮做反向转动，同时从动件又在机架导路内往复移动，作出从动件在这种复合运动中的一系列位置，则其尖顶的轨迹就是所要求的凸轮轮廓。

2. 作图步骤

① 选定比例作位移线图，按反转法绘制凸轮轮廓，并12等分，如图2-13所示。

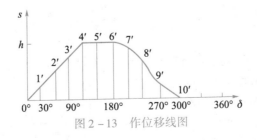

图2-13 作位移线图

② 以半径 r_b 为基圆并 12 等分圆周，如图 2-14 所示，取 A_0 为从动件初始位置。

③ 以 $-\omega$ 方向量位移，如图 2-15 所示，画出 A_1，A_2，A_3，…，A_{11} 点（A_0 与 A_{12} 重合）。

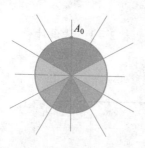

图 2-14 做基圆并等分圆周

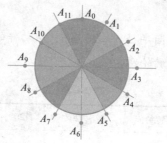

图 2-15 量位移

④ 光滑连接各点，如图 2-16 所示。

⑤ 结果展示如图 2-17 所示。

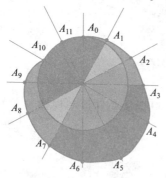

图 2-16 光滑连接各点

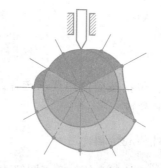

图 2-17 结果展示

二、凸轮机构的材料选择

凸轮机构工作时，往往承受冲击载荷，凸轮的主要失效形式为磨损和疲劳点蚀，因此对凸轮和滚子的材料要求如下。

① 工作表面硬度高；

② 耐磨；

③ 有足够的表面接触强度；

④ 凸轮芯部有较强的韧性。

因此，凸轮常用的材料为 40Cr、20Cr、40CrMnTi；滚子常用的材料为 40Cr 或者选用滚动轴承。

小提示

凸轮机构除了要正确选择材料外，还要进行适当的热处理，使凸轮和滚子工作表面具有较高的硬度而芯部有较好的韧性。另外，凸轮的径向尺寸与轴的直径尺寸相差不大时，凸轮可与轴制作为一体；当尺寸相差较大时，应将凸轮与轴分别制造，可以采用键连接或销连接，凸轮与滚子之间要保证其精度和表面粗糙度。

三、滚子半径的选择

当采用滚子从动件时，要注意滚子半径的选择。如图 2 – 18 所示，滚子半径选择不当，使从动件不能实现给定的运动规律，这种情况称为运动失真。如图 2 – 18（c）所示，滚子半径 r_T 大于理论轮廓曲率半径 ρ 时，包络线会出现自相交叉现象，交叉部分在制造时不能制出，这时从动件不能处于正确位置，致使从动件运动失真。避免的方法是保证理论轮廓最小曲率半径大于滚子半径，这时包络线不自相交叉。通常 $r_T < \rho_{min} - 3$ mm，对于一般的自动机械，r_T 取 $10 \sim 25$ mm。

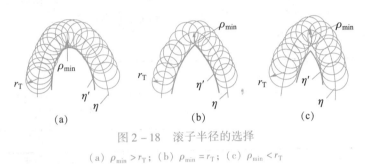

图 2 – 18 滚子半径的选择

（a）$\rho_{min} > r_T$；（b）$\rho_{min} = r_T$；（c）$\rho_{min} < r_T$

四、凸轮机构的压力角

压力角是从动件在接触点所受的力的方向与该点速度方向的夹角（锐角），如图 2 – 19 所示。

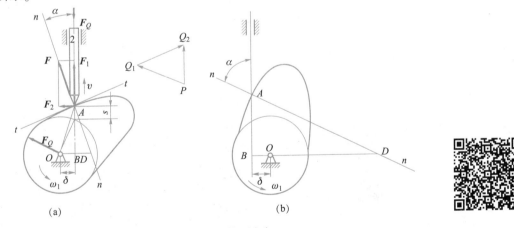

图 2 – 19 凸轮压力角

凸轮机构的压力角与平面四杆机构的压力角概念相同，是机构传力性能参数。在工作行程中，当压力角超过一定数值，摩擦阻力阻止从动件运动，产生自锁。为此必须限制最大压力角，使最大压力角 α_{max} 小于许用压力角 $[\alpha]$。一般推荐许用压力角 $[\alpha]$ 的数值如下：

直动从动件的升程：$[\alpha] \leqslant 30° \sim 40°$

摆动从动件的升程：$[\alpha] \leqslant 40° \sim 50°$

回程时，通常受力较小，一般无自锁出现的可能性，因此，许用压力角可取得大些，通常取 $[\alpha] = 70° \sim 80°$。

五、基圆半径的确定

工程上为了获得紧凑的机构，常选取尽可能小的基圆半径，但必须要保证 $\alpha_{max} \leqslant [\alpha]$。

通常在设计凸轮时，先根据结构条件初定基圆半径，当凸轮与轴制成一体时，略大于轴的半径。

根据前面所学的知识，按照反转法画出凸轮轮廓曲线，并设计凸轮机构。设盘状凸轮需向逆时针方向转动，从动杆位移规律见表 2 – 4。基圆半径为 30 mm。

表 2 – 4　从动杆位移规律

凸轮转角	0°～150°	150°～210°	210°～300°	300°～360°
从动杆位移	等速上升 30 mm	停止不动	等速下降至原位	停止不动

步骤	轮廓曲线绘制

步骤四 车床自动横向进刀机构原理分析及简图绘制

? 想一想:

根据前边所学的内容，进行本任务的最终实施，想一想如何分析车床自动横向进刀机构的运动原理、绘制其机构简图，如图2-20所示。

图2-20 车床横向进刀机构

做一做

说明	结 果
运动原理描述	圆柱凸轮转动，带动与凸轮沟槽配合的滚子左右摆动，滚子则进一步将摆动传递给扇形齿轮，并通过齿轮啮合，进而最终实现刀架的左右往复直线运动

机构简图绘制	分析	结果
	圆柱凸轮构件与机架形成转动副连接，与滚子则形成高副连接，滚子与扇形齿轮柄形成转动副连接，扇形齿轮与机架形成转动副、与刀架形成通过齿轮啮合实现的移动副连接（为方便分析，此处将齿轮啮合简化）	刀架 摆动从动件(扇形齿轮) 凹柱凸轮 滚子 刀架 O 2 3 1

任务拓展训练（学习工作单）

任务名称		凸轮机构		日期	
组长		班级		小组其他成员	
实施地点					
实施条件					
任务描述	配气机构如图所示，分析其工作原理，并绘制其机构简图和受力分析图 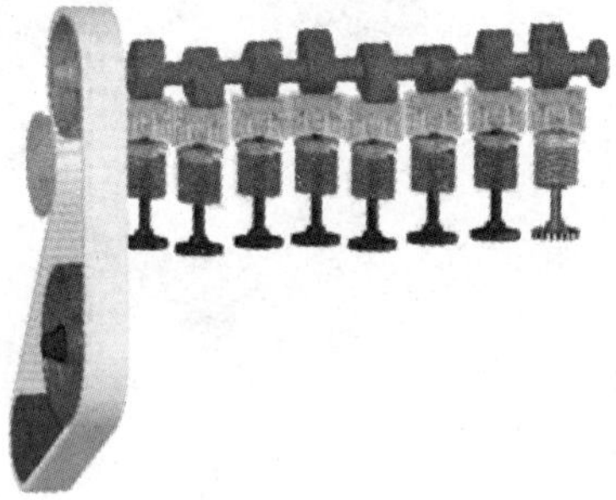 				
任务分析					
任务 实施步骤					
评价					

评价 细则	专业 能力	基础知识掌握	素质 能力	正确查阅相关资料
		工作原理分析		严谨的工作态度
		机构简图绘制		语言表达能力
		简图受力分析		小组配合默契，团结协作
	成绩			

巩固练习

一、思考题

1. 比较连杆机构与凸轮机构的优缺点。

2. 绘制凸轮轮廓时，在基圆上取各区间相应等分点顺序的方向与凸轮转动方向相反，为什么？

3. 基圆半径过大或过小会出现什么问题？

4. 滚子从动件凸轮机构中，凸轮的理论轮廓沿径向减去滚子半径是否即为凸轮工作轮廓？

5. 某一凸轮机构的滚子损坏后，能否任取一滚子来代替？为什么？

二、选择题

按等速运动规律工作的凸轮机构（　　　）。

A. 会产生刚性冲击

B. 会产生柔性冲击

C. 适用于高速转动和从动件质量大的场合

三、分析题

1. 图 2-21 所示为一直动尖顶推杆盘形凸轮机构推杆的部分运动曲线，试在图上补全各段的位移、速度及加速度曲线，并指出哪些位置会出现刚性冲击？哪些位置会出现柔性冲击？

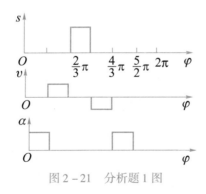

图 2-21　分析题 1 图

2. 一尖顶对心移动从动件凸轮机构，凸轮按逆时针方向转动，要求实现的运动规律见表 2-5。

表 2-5 运动规律

凸轮转角	0°~90°	90°~150°	150°~240°	240°~360°
从动杆位移	等速上升30 mm	停止	等速下降至原位	停止

① 画出位移线图；

② 若基圆半径 $r_b = 45$ mm，画出凸轮轮廓曲线。

任务 3 　间歇机构

任务目标

【知识目标】

◇ 掌握棘轮机构的组成与工作原理；
◇ 熟悉棘轮机构的类型和特点；
◇ 掌握槽轮机构的组成与工作原理；
◇ 了解其他间歇机构。

【能力目标】

◇ 能根据工作要求合理选择间歇机构的类型；
◇ 能分析机器设备中棘轮机构、槽轮机构的工作原理。

【职业目标】

◇ 培养综合分析问题、寻找答案的能力；
◇ 培养团队协作、共同解决问题的精神品质；
◇ 培养学生的耐性、韧性与坚持到底的品质。

任务描述

图 3-1 所示为牛头刨床工作台横向进给机构示意图，试分析牛头刨床工作台横向进给机构的工作原理，并绘制其机构的运动简图。

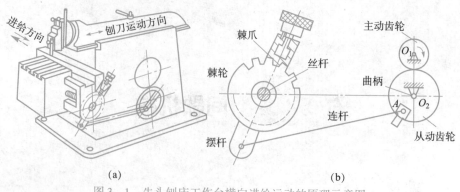

图3-1 牛头刨床工作台横向进给运动的原理示意图

分析与说明	初步结果
牛头刨床工作台横向进给运动的原理调查分析：	

 任务分析

在牛头刨床上对工件进行刨削加工时，滑枕带动刨刀沿床身导轨做往复直线运动完成切削运动（主运动）。在两次切削之间，工作台带动工件做一次横向进给运动（进给运动），即工作台（工件）做间歇运动。在刨削加工时，需要根据不同的加工条件确定进给量的大小。

通过本项目的学习，要能够分析牛头刨床的横向进给运动及如何调节刨削加工的进给量，并由此熟悉其对应的一种机构——棘轮机构。最后，实施任务，分析牛头刨床工作台横向进给运动的工作原理、绘制机构简图。

学习任务分解
步骤一 棘轮机构
步骤二 槽轮机构
步骤三 牛头刨床工作台横向进给机构原理分析和简图绘制

任务实施

通过观察牛头刨床的工作过程可以知道，其工作台的横向进给运动呈现出一种间歇运动的特性，工程上我们把这种能够将主动件的连续运动转换成从动件有规律的周期性运动或停歇运动的机构称为间歇运动机构。

间歇运动机构除了在牛头刨床上使用之外，在自动生产线的转位机构、步进机构、计数装置和许多复杂的轻工机械中有着广泛的应用，种类繁多。在此，我们学习应用较为广泛的棘轮机构和槽轮机构。

步骤一 棘轮机构

 想一想：

自行车后轴上的飞轮机构是什么机构？工作原理如何？

 相关知识

一、棘轮机构的工作原理

棘轮机构主要由棘轮、主动棘爪、止退棘爪和机架组成，如图 3-2 所示。

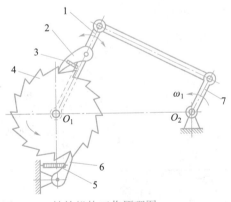

图 3-2 棘轮机构工作原理图

1—主动摇杆；2—主动棘爪；3—弹簧；4—棘轮；5—弹簧；6—止退棘爪；7—曲柄

工作原理：主动摇杆逆时针摆动，主动棘爪插入棘轮的齿内，推动棘轮同向转动一定角度。主动摇杆顺时针摆动，止退棘爪阻止棘轮反向转动，主动棘爪在棘轮的齿背上滑回原位，棘轮静止不动。

二、棘轮机构的类型和特点

棘轮机构的类型和特点见表 3-1。

表 3-1　棘轮机构的类型与特点

	名称	结构形式	特 点
按啮合方式分	外啮合棘轮机构		
			运动可靠，但棘轮转角只能有级调节，且主动件摆角要大于棘轮运动角。有噪声，易磨损，不宜用于高速
	内啮合棘轮机构		
按结构形式分	摩擦楔块式	外接	
			运动不准确，但转角可无级调节。噪声小，适用于低速轻载的场合
		内接	

续表

	名称	结构形式		特　点
按结构形式分	摩擦滚子式	外接		特点和楔块式相同，内接常用于超越离合器
		内接		

三、棘轮转角和转向的调节

1. 转角的调节

棘轮转角 θ 的大小与棘爪往复一次推过的齿数 k 有关：

$$\theta = 360° \times \frac{k}{z} \qquad (3-1)$$

式中，k——棘爪往复一次推动的齿数；

z——棘轮的齿数。

① 改变棘爪的运动范围，如图 3-3 所示。

② 利用覆盖罩调节转角，如图 3-4 所示。

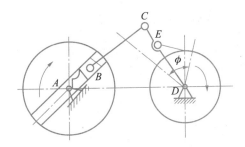

图 3-3　棘爪运动范围改变转角

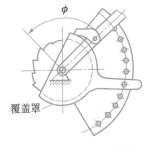

图 3-4　覆盖罩调节转角

2. 转向的调整

① 改变棘爪位置。如果根据工作要求，需要使棘轮得到不同转向的间歇运动，则可以把棘轮的齿制成矩形，而棘爪制成可翻转的形式，如图 3 - 5 所示。

② 改变棘爪方向。棘轮的齿制成矩形，通过提起棘爪，使其绕本身轴线旋转 180°，再放下，即可改变棘轮旋转方向，如图 3 - 6 所示。

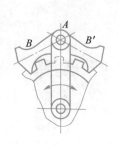

图 3 - 5　改变棘爪位置

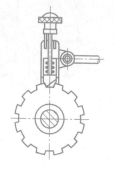

图 3 - 6　改变棘爪方向

四、棘轮机构的特点与应用

棘轮机构结构简单，制造方便，棘轮的转角还可以在一定的范围内调节。由于棘轮每次转角都是棘轮齿距角的倍数，所以棘轮转角的改变是有级的。棘轮转角的准确度差，运转时产生冲击和噪声，所以棘轮机构只适用于低速和转角不大的场合。棘轮机构的单向间歇运动特性可以用于进给、制动、转位分度和超越等机构中，比如牛头刨床的横向进给机构。

观察如图 3 - 7 所示的自行车进给机构，回答以下问题：

① 机构中哪些零件是主动件或被动件？

② 判断机构的运动类型并分析其特点。

③ 叙述各构件的运动规律。

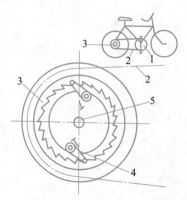

图 3 - 7　自行车进给机构

1—大链轮；2—链条；3—小链轮；4—棘爪；5—后轮轴

运动类型	机构简图	运动规律

步骤二 槽轮机构

 想一想：

电影放映机是如何放映电影的？放映机的原理如何？

相关知识

放电影时，胶片以每秒24张的速度通过镜头，每张画面在镜头前有一短暂停留，通过视觉暂留而获得连续的场景。这一间歇运动由槽轮机构实现，如图3-8所示。

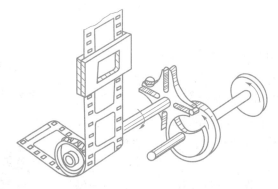

图3-8 电影放映机转片机构

一、槽轮机构的组成与工作原理

常用的槽轮机构如图3-9所示，主要由具有圆柱销的拨盘、具有径向槽的槽轮和机架组成。

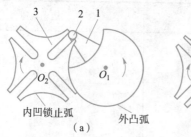
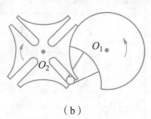

内凹锁止弧　　　　　外凸弧
（a）　　　　　　　　　　　（b）

图 3 – 9　槽轮机构的组成
1—拨盘；2—圆销；3—槽轮

工作原理：主动杆上的圆销进入径向槽之前，槽轮的内凹锁止弧被主动杆的外凸弧锁住而静止；圆销进入槽轮径向槽时，两锁止弧脱开，圆销推动槽轮沿顺时针转动；圆销脱离径向槽时，槽轮因另一锁止弧又被锁住而静止。因此当主动槽轮每转一圈，从动槽轮做周期性的间歇运动。

二、槽轮机构的类型与运动特点

1. 外啮合槽轮机构

如图 3 – 10（a）所示，主动杆每回转一周，槽轮间歇地转过一个槽口，且槽轮与主动杆转向相反；如图 3 – 10（b）所示，主动杆每回转一周，槽轮间歇地转动两次，每次转过一个槽口，且槽轮与主动杆转向相反。

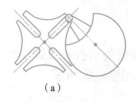

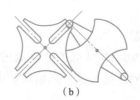

（a）　　　　　　　　　　　　　　　　　（b）

图 3 – 10　外啮合槽轮机构

2. 内啮合槽轮机构

如图 3 – 11 所示，内啮合槽轮机构主动杆每回转一周，槽轮间歇地转过一个槽口，且槽轮与主动杆转向相同。

由此总结出槽轮机构的传动特点如下：

① 结构简单，工作可靠，机械效率较高；

② 在进入和脱离接触时运动比较平稳，能准确控制转动的角度；

③ 槽轮的转角不能调节，故只能用于定转角的间歇运动机构中；

④ 与棘轮机构相比，槽轮的角速度不是常数，在启动和停止时加速度变化大，因而惯性力也较大，故不适用于转速过高的场合；

⑤ 结构较复杂，制造与加工精度要求比较高。

图 3 – 11　内啮合槽轮机构

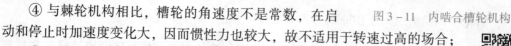

观察如图 3-12 所示的转塔车床刀架转位机构，并回答以下问题。

① 机构中哪些零件是主动件或被动件？

② 判断机构的运动类型，并分析其特点。

③ 叙述各构件的运动规律。

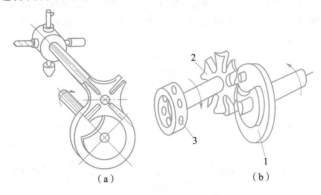

（a）　　　　　　　　　　　　　（b）

图 3-12　转塔车床的刀架转位机构

运动类型	机构简图	运动规律

步骤三　牛头刨床工作台横向进给机构原理分析和简图绘制

? 想一想：

根据前边两个步骤所学的内容，进行本任务的最终实施，想一想如何分析牛头刨床工作台横向进给运动原理、绘制其机构简图，如图3-13所示。

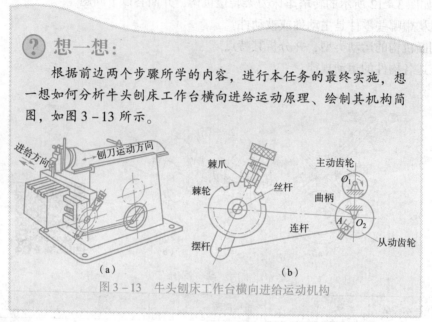

（a）　　　　　　　　　　　　　　　（b）

图3-13　牛头刨床工作台横向进给运动机构

说明		结　果
描述横向进给运动原理		经过观察可知，牛头刨床横向进给机构的原理为：在主动齿轮的带动下，从动齿轮上的曲柄机构带动连杆产生摇摆，进而带动摆杆绕着丝杆中心摆动。当摆杆下端顺时针向左转动时，上端则带着棘爪顺时针向右摆动，即棘爪回转；当摆杆下端逆时针向左回转时，摆杆上端则带动棘爪逆时针向右前进，同时棘爪顶入棘轮某个齿槽内，则棘轮随同棘爪一起逆时针转动一个角度；此运动过程伴随着从动齿轮不停地转动而持续重复，则实现了棘轮的间歇逆时针转动，进而实现了工作台的间歇进给
牛头刨床横向进给运动机构简图绘制	分析	首先将主动齿轮略去。从动齿轮与曲柄合成一体，称为主动轮。主动轮与机架形成转动副，与连杆形成转动副；连杆与摆杆下端形成转动副；摆杆中心与机架形成转动副；摆杆上端与棘爪形成转动副；棘轮与机架形成转动副
	简图	

任务拓展训练（学习工作单）

任务名称		间歇机构	日期	
组长		班级	小组其他成员	

实施地点	

实施条件	

任务描述	分析如图所示的浇注式流水线进给装置，分析该装置的工作原理，并绘制其机构简图和受力分析图 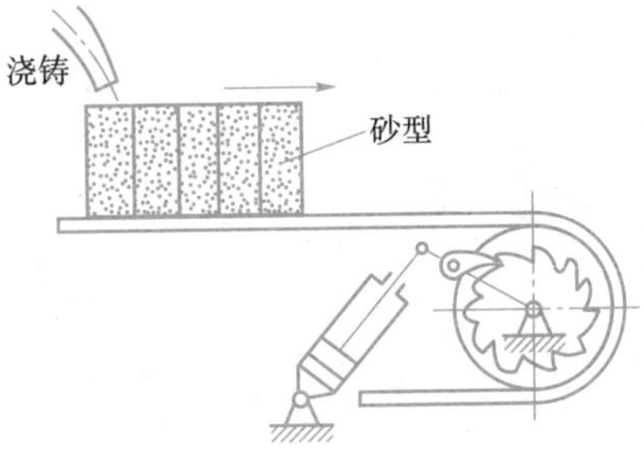

浇铸

砂型

任务分析	

任务实施步骤	

评价	

评价细则	专业能力	基础知识掌握	素质能力	正确查阅相关资料
		工作原理分析		严谨的工作态度
		机构简图绘制		语言表达能力
		简图受力分析		小组配合默契，团结协作
	成绩			

巩固练习

思考题：

1. 什么是间歇运动机构？试举例说明。

2. 棘轮机构由哪几部分构成？它是如何实现间歇运动的？其转角的大小和转向可以用哪些方法来调节？

3. 槽轮机构有何工作特点？

第二篇

机械传动

任务 **4**　带传动

　任务目标

【知识目标】

◇ 了解带传动的类型、结构、应用及特点；

◇ 能够合理地选择 V 带的型号、V 带轮的结构形式；

◇ 掌握 V 带传动的受力情况；

◇ 掌握 V 带传动的设计方法和步骤；

◇ 了解带传动安装、维护的注意事项，能够合理选用带传动的张紧方式。

【能力目标】

◇ 能根据实际工况，合理进行带传动的设计；

◇ 学会查阅工具书或手册。

【职业目标】

◇ 分析问题、解决问题的能力；

◇ 严谨的工作态度。

　任务描述

三相异步电动机驱动带式输送机，其传动简图如图 4 – 1 所示，已知电动机的额定功率 $P = 4$ kW，转速 $n_1 = 960$ r/min，要求从动轮转速 $n_2 = 320$ r/min，两班制工作，传动带水平放置。请设计该带传动。

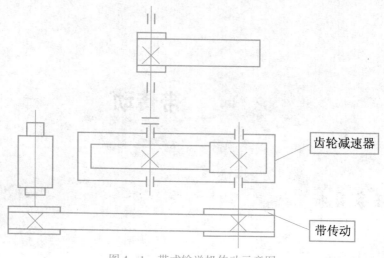

图 4 - 1　带式输送机传动示意图

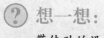

想一想：

带传动的设计内容包括什么？

任务分析

普通 V 带传动设计计算时，通常已知传动的用途和工作情况，传递的功率 P，主动轮、从动轮的转速（或传动比），传动位置要求和外廓尺寸要求，原动机类型等。

本任务原动机类型为三相异步电动机，工作机是驱动带式输送机，工作情况属于载荷变动小，电动机的额定功率 $P = 4$ kW，转速 $n_1 = 960$ r/min，从动轮转速 $n_2 = 320$ r/min，两班制工作，传动带水平放置。

设计时主要确定带的型号、长度和根数，带轮的尺寸、结构和材料，传动的中心距，带的初拉力和压轴力，张紧和防护等。

要完成带式输送机的普通 V 带传动的设计需完成如下 5 步内容的学习。

学习任务分解
步骤一　带传动的组成、类型及特点
步骤二　普通 V 带及 V 带轮
步骤三　带传动的受力分析和应力分析
步骤四　带传动的使用和维护
步骤五　带式输送机用 V 带传动设计

任务实施 ▶▶▶

步骤一 带传动的组成、类型及特点

 想一想：

生活中哪些机器传动的形式是带传动？这些传动带的结构形式有何区别？想一想：带式输送机中的带传动属于哪种类型？具有什么特点？

 相关知识

一、带传动的组成

带传动由主动轮1、从动轮2和张紧在两轮上的传动带3组成，如图4-2所示，当驱动力矩使主动轮转动时，依靠带和带轮间摩擦力的作用，拖动从动轮一起转动，带传动适用于圆周速度较高且圆周力较小的工作条件。在机械传动中，带传动和链传动同属于挠性传动，当主动轴和从动轴相距较远时，常采用这种传动。

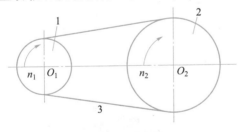

图 4-2 带传动

1—主动轮；2—从动轮；3—传动带

二、带传动的主要类型

1. 按传动原理分类

带传动按传动原理分类见表4-1。

2. 按用途分类

① 传动带：传递动力用；

② 输送带：输送物品用，如图4-3所示。

表4-1 按传动原理分类

种类	举例	特点
摩擦带传动		靠传动带与带轮间的摩擦力实现传动，过载时会打滑，传动比不恒定。如 V 带传动、平带传动等
啮合带传动		靠带内侧凸齿与带轮外缘上的齿槽相啮合实现传动，传动比准确，可实现同步。如同步带传动

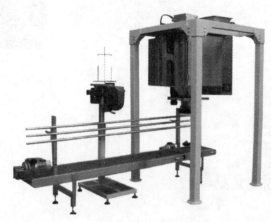

图4-3 输送带

3. 按传动带的截面形状分类

传动带按截面形状分类如表4-2所示。

表 4-2　传动带按截面形状分类

种类	举例	应用特点
平带		平带的截面形状为矩形，内表面为工作面。应用：大理石切割机
V 带		V 带的截面形状为梯形，两侧面为工作表面。应用：机床
多楔带		多楔带是在平带基体上由多根 V 带组成的传动带，可传递很大的功率。应用：发动机

续表

种类	举例	应用特点
圆形带	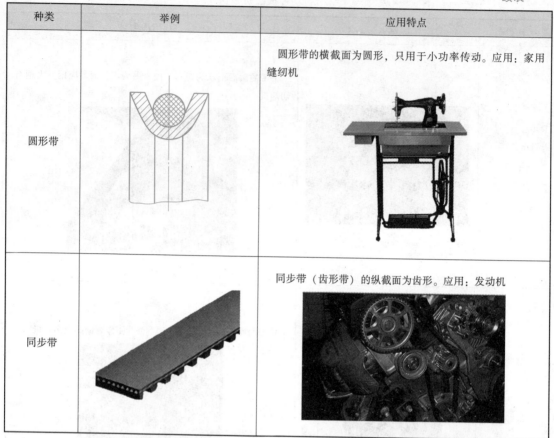	圆形带的横截面为圆形，只用于小功率传动。应用：家用缝纫机
同步带		同步带（齿形带）的纵截面为齿形。应用：发动机

三、带传动的特点和应用

带传动具有结构简单、传动平稳、价格低廉、缓冲吸震及过载打滑以保护其他零件等优点。缺点是传动比不稳定，传动装置外形尺寸较大，效率较低，带的寿命较短以及不适合高温易燃场合等。

带传动多用于高速级传动。带速一般为 $5 \sim 25$ m/s，高速带传动可达 $60 \sim 100$ m/s；平带传动的传动比 $i \leq 5$（常用 ≤ 3），V带传动 $i \leq 7$（常用 $i \leq 5$），若使用张紧轮，则传动比可达 $i \leq 12$。

生活中哪些机器传动的形式是带传动？这些传动带的结构形式有何区别？想一想带式输送机中的带传动属于哪种类型，具有什么特点？

举例说说日常生产和生活中带传动的应用	
带式输送机中使用的传动带的类型	
这种类型传动带的特点	

步骤二 普通 V 带及 V 带轮

？想一想：

阅读如下"相关知识"，想一想：V 带轮具有哪些常见结构？如何选择带轮的结构类型？

相关知识

一、普通 V 带的结构及尺寸

V 带有普通 V 带、窄 V 带、宽 V 带、接头 V 带和齿形 V 带等多种，一般使用的多为普通 V 带。

1. 普通 V 带的结构

图 4-4 所示为普通 V 带的截面，标准普通 V 带制成无接头的环形，根据抗拉体结构，分为帘布芯 V 带和绳芯 V 带两类。这两类结构的 V 带都是由橡胶和纤维组成，其结构分为包布层、顶胶层、抗拉体和底胶层 4 个部分。其中，包布层由胶帆布制成，起保护作用；顶胶层和底胶层分别由橡胶制成，当弯曲时承受拉伸和弯曲的作用；抗拉体由几层胶帘布或一排胶线绳制成，用来承受基本的拉力。帘布芯 V 带抗拉强度较好，且制造方便，型号齐全。绳芯 V 带柔韧性好，抗弯强度高，适用于转速较高、带轮直径较小的场合。为了提高承载能力，近年来已广泛使用合成纤维绳芯或钢丝绳芯。

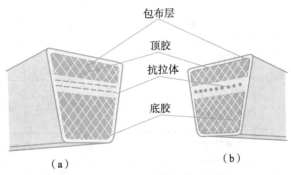

包布层
顶胶
抗拉体
底胶

（a）　　　　　　　（b）

图 4-4　普通 V 带的截面结构

（a）帘布芯结构；（b）绳芯结构

2. 普通 V 带的尺寸

普通 V 带的尺寸已经标准化，包括截面尺寸和基准长度。

（1）V 带的截面尺寸

普通 V 带按其截面尺寸由小到大的顺序排列，共有 Y、Z、A、B、C、D 和 E 7 种型号，各种型号 V 带的截面尺寸见表 4-3，在相同条件下，截面尺寸越大，传递的功率就越大。

表 4 - 3　普通 V 带截面的基本尺寸及参数

V 带截面	型号	Y	Z	A	B	C	D	E
	顶宽 b/mm	6.0	10.0	13.0	17.0	22.0	32.0	38.0
	节宽 b_p/mm	5.3	8.5	11.0	14.0	19.0	27.0	32.0
	高度 h/mm	4.0	6.0	8.0	11.0	14.0	19.0	23.0
	楔角 ϕ/ (°)				40			
	基准长度 L_d/mm	200 ~ 500	400 ~ 1 600	630 ~ 2 800	900 ~ 5 600	18 00 ~ 10 000	2 800 ~ 14 000	4 500 ~ 16 000
GB/T 11544—2012	单位长度质量/ (kg·m⁻¹)	0.04	0.06	0.10	0.17	0.30	0.60	0.87
	基准宽度 b_1/mm	5.3	8.5	11.0	14.0	19.0	27.0	32.0
	基准线上槽深 $h_{a\,min}$/mm	1.6	2.0	2.75	3.5	4.8	8.1	9.6
	基准线下槽深 $h_{f\,min}$/mm	4.7	7.0	8.7	10.8	14.3	19.9	23.4
	槽间距 e/mm	8 ± 0.3	12 ± 0.3	15 ± 0.3	19 ± 0.4	25.5 ± 0.5	37 ± 0.6	44.5 ± 0.7
	第一槽对称面至端面的距离 f/mm	6	7	9	11.5	16	23	28
	最小轮缘厚 δ_{min}/mm	5	5.5	6	7.5	10	12	15
	带轮宽 B	$B = (z-1) e + 2f_z$ ——轮槽数						
	楔角 ϕ/ (°)	≤60	—	—	—	—	—	—
		—	≤80	≤118	≤190	≤315	—	—
		—	—	—	—	—	≤475	≤600
		—	>80	>118	>190	>315	>475	>600

（2）V 带的基准长度

当 V 带受弯曲时，带的顶胶层将伸长，而底胶层将缩短，只有在两层之间的抗拉体内节线处带长保持不变，因此沿节线量得的带长即为 V 带的基准长度 L_d，在带传动的几何计算中，应把基准长度 L_d 作为 V 带的计算长度。普通 V 带的基准长度系列和长度系数 K_L 见表 4 - 4。

表 4 - 4　普通 V 带带长修正系数 K_L （GB/T 13575. 1—2008）

Y		Z		A		B		C		D		E	
L_d	K_L	L_d	K_L	L_d	K_L	L_d	K_L	L_d	K_L	L_d	K_L	L_d	K_L
						930	0.83						
						1 000	0.84						
				630	0.81	1 100	0.86	1 565	0.82				
				700	0.83	1 210	0.87	1 760	0.85	2 740	0.82		
				790	0.85	1 370	0.90	1 950	0.87	3 100	0.86		
		405	0.87	890	0.87	1 560	0.92	2 195	0.90	3 330	0.87	4 660	0.91
200	0.81	475	0.90	990	0.89	1 760	0.94	2 420	0.92	3 730	0.90	5 040	0.92
224	0.82	530	0.93	1 100	0.91	1 950	0.97	2 715	0.94	4 080	0.91	5 420	0.94
250	0.84	625	0.96	1 250	0.93	2 180	0.99	2 880	0.95	4 620	0.94	6 100	0.96
280	0.87	700	0.99	1 430	0.96	2 300	1.01	3 080	0.97	5 400	0.97	6 850	0.99
315	0.89	780	1.00	1 550	0.98	2 500	1.03	3 520	0.99	6 100	0.99	7 650	1.01
355	0.92	920	1.04	1 640	0.99	2 700	1.04	4 060	1.02	6 840	1.02	9 150	1.05
400	0.96	1 080	1.07	1 750	1.00	2 870	1.05	4 600	1.05	7 620	1.05	12 230	1.11
450	1.00	1 330	1.13	1 940	1.02	3 200	1.07	5 380	1.08	9 140	1.08	13 750	1.15
500	1.02	1 420	1.14	2 050	1.04	3 600	1.09	6 100	1.11	10 700	1.13	15 280	1.17
		1 540	1.54	2 200	1.06	4 060	1.13	6 815	1.14	12 200	1.16	16 800	1.19
				2 300	1.07	4 430	1.15	7 600	1.17	13 700	1.19		
				2 480	1.09	4 820	1.17	9 100	1.21	15 200	1.21		
				2 700	1.10	5 370	1.20	10 700	1.24				
						6 070	1.24						

二、V 带轮的结构及材料

1. V 带轮的结构

V 带轮由有轮槽的轮缘（带轮的外缘部分）、轮毂（带轮与轴相配合的部分）和轮辐（轮缘与轮毂相连的部分）3 部分组成。

铸造 V 带轮的常用结构有实心式、腹板式、孔板式和轮辐式 4 种，选用标准见表 4 -5。

表 4 – 5 V 带轮的结构类型

带轮类型	图形表示	V 带轮结构选用标准
实心式	 实心带轮	带轮基准直径 $d_d \leqslant (2.5 \sim 3.0)$ d (d 为轮轴直径，单位 mm) 时，采用实心式
腹板式		当基准直径 $d_d \leqslant 400$ mm 时，采用腹板式
孔板式		当 $d_d - d_1 \geqslant 100$ mm 时，采用孔板式
轮辐式	 轮辐式带轮	基准直径 $d_d > 400$ mm 时，采用轮辐式

2. V 带轮的材料

普通 V 带轮最常用的材料是灰铸铁。当带的速度 $v \leqslant 25$ m/s 时，可用 HT150；当带速 $v = 25 \sim 30$ m/s 时，可用 HT200；当 $v > 35$ m/s 时，可用铸钢制造。传递功率较小时，可用铸铝或工程塑料。

小提示

V 带轮结构尺寸可按下面经验公式确定，或查阅机械设计手册。

$L = (1.5 \sim 2) \, d$（当 $B < 1.5d$ 时，$L = B$）

$d_1 = (1.8 \sim 2) \, d$

$d_a = d_d + 2h_a$

多了解一点

普通 V 带轮槽的尺寸中，轮槽楔角 φ 取 32°、34°、36°或 38°是考虑带在带轮上弯曲产生横向变形，带轮直径越小，轮槽楔角也越小，以便 V 带侧面与轮槽工作表面保持良好接触。

做一做

通过以上"相关知识"的学习，思考 V 带轮具有哪些常见结构，如何选择带轮的结构类型？

1. V 带轮具有哪些常见结构？	
2. 如何选择带轮的结构类型？	

步骤三 带传动的受力分析和应力分析

? **想一想:**

阅读如下"相关知识",思考为何带传动工作时要以一定的张紧力套在带轮上?带传动工作时受哪些应力的作用?什么是弹性滑动?什么是打滑?这两种现象有何不同?

相关知识

一、带传动的受力分析

为保证正常工作,带传动必须以一定的张紧力套在带轮上。当传动带静止时,带两边承受相等的拉力,称为初拉力 F_0,如图 4-5 (a) 所示。当带传动工作时,主动轮 1 以转速 n_1 转动,通过摩擦力的作用带动传动带并使从动轮 2 转动,如图 4-5 (b) 所示。其中,主动轮 1 作用在带上的摩擦力与带的运动方向相同;从动轮 2 作用在带上的摩擦力则与带的运动方向相反。在这两处摩擦力的作用下,传动带两边的拉力也要发生变化,出现紧边与松边。

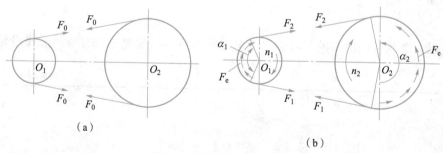

（a）

（b）

图 4-5 传动带的受力分析

（a）静止时；（b）工作时

紧边：带绕入主动轮的一边,拉力由 F_0 增大到 F_1。

松边：带绕入从动轮的一边,拉力由 F_0 减小到 F_2。

有效拉力 F_e：紧边和松边拉力的差值就是带传动传递功率的驱动力,有效拉力与总摩擦力相等。

$$F_e = (F_1 - F_2) \tag{4-1}$$

若带的总长不变,带的紧边拉力的增加量等于松边拉力的减少量,即:

$$F_1 - F_0 = F_0 - F_2 \tag{4-2}$$

$$F_1 + F_2 = 2F_0$$

由式 (4-1) 和式 (4-2) 得:

$$\left.\begin{array}{l} F_1 = F_0 + F_e/2 \\ F_2 = F_0 - F_e/2 \end{array}\right\} \qquad (4-3)$$

带传动传递的功率表示为：

$$P = \frac{F_e v}{1\ 000} \qquad (4-4)$$

式中，P——带传递的功率，kW；

F_e——有效拉力，N；

v——带速，m/s。

在一定的初拉力 F_0 的作用下，带与带轮接触面间摩擦力的总和有一个极限值，当带所传递的圆周力超过带与带轮接触面间摩擦力总和的极限值时，带在带轮上将发生明显的相对滑动，这种现象称为打滑。带打滑时从动轮转速急剧下降，使传动失效，同时也加剧了带的磨损，因此必须避免带的打滑。

当带有打滑趋势时，紧边拉力和松边拉力存在如下关系：

$$F_1 = F_2 e^{f\alpha} \qquad (4-5)$$

式中，e——自然对数的底（e = 2.71828）；

f——摩擦因数（对于 V 带，用当量摩擦因数）；

α——带在带轮上的包角，rad。

将式（4-3）代入式（4-5）得：

$$F_{emax} = 2F_0\ \frac{e^{f\alpha} - 1}{e^{f\alpha} + 1} = 2F_0 \left(1 - \frac{2}{e^{f\alpha} + 1}\right) \qquad (4-6)$$

由式（4-6）可知，最大有效拉力 F_{emax} 与下列因素有关。

1. 初拉力 F_0

在一定条件下，最大有效拉力 F_{emax} 与 F_0 成正比。增大初拉力 F_0，带与带轮间的正压力增大，则传动时带和带轮间的摩擦力就越大。F_0 过大时，将使带的磨损加剧而缩短带的使用寿命；F_0 过小时，带传动的工作能力得不到充分发挥，容易发生跳动和打滑。

2. 摩擦系数 f

f 越大，摩擦力也越大，F_{emax} 就越大。摩擦系数 f 与带及带轮的材料和表面状况、传动的环境条件等有关。

3. 包角 α

传动带与带轮的接触弧所对应的圆周角称为包角，用 α 表示。小带轮和大带轮的包角分别用 α_1 和 α_2 表示，由于大带轮包角 α_2 大于小带轮包角 α_1，故打滑时首先发生在小带轮上，一般要求 $\alpha_1 \geqslant 120°$。

二、带传动的应力分析

带传动工作时，带中的应力由以下 3 部分组成。

1. 拉应力 σ

$$\left.\begin{array}{l} \text{紧边拉应力} \quad \sigma_1 = \dfrac{F_1}{A} \\[3mm] \text{松边拉应力} \quad \sigma_2 = \dfrac{F_2}{A} \end{array}\right\} \qquad (4-7)$$

式中，F_1，F_2——紧边和松边的拉力，N；

A——带的横截面积，mm^2。

带在绕过主动轮时，拉应力由 σ_1 逐渐降低为 σ_2；而在从动轮一侧，拉应力则由 σ_2 逐渐增大到 σ_1。

2. 离心应力 σ_c

当带沿带轮轮缘作圆周运动时，将引起离心力，由离心力产生的拉应力 σ_c 作用于全部带长的各个截面，并可由式（4-8）计算：

$$\sigma_c = \frac{qv^2}{A} \tag{4-8}$$

式中，q——每米带长的质量，kg/m，V 带的值可查表 4-3；

v——带的线速度，m/s。

3. 弯曲应力 σ_b

带绕在带轮上时，由于弯曲而产生弯曲应力，其值由材料力学公式可知：

$$\sigma_b = E\frac{h'}{\rho} \tag{4-9}$$

式中，E——带材料的弹性模量，MPa；

ρ——曲率半径，mm，对于平带，$\rho = \dfrac{D}{2} + \dfrac{h}{2}$，$h$ 为带的厚度，对于 V 带，$\rho = \dfrac{d_d}{2}$，d_d 为带轮的基准直径；

h'——带的最外层到中性层的距离，mm，对于平带，$h' = h/2$，对于 V 带，$h' = h_a$。

由如图 4-6 所示带的应力分布可知，带上最大应力发生在带的紧边进入小带轮处。其应力值为：$\sigma_{max} = \sigma_1 + \sigma_c + \sigma_{b_1}$。

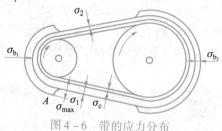

图 4-6 带的应力分布

三、带传动的弹性滑动和传动比

传动带是弹性体，受到拉力后会产生弹性伸长，伸长量随拉力大小的变化而改变。当带绕过主动轮时，如图 4-7（a）所示，带所受拉力由 F_1 逐渐降低到 F_2，弹性伸长量也随之减小，因而带随带轮运动时要向后逐渐收缩，带的速度落后于带轮，带与带轮间发生了微小的相对滑动；而当带绕过从动轮时，如图 4-7（b）所示，带所受拉力由 F_2 逐渐增加到 F_1，弹性伸长量也随之增大，因而带要向前逐渐伸长，带的速度则逐渐领先于带轮，即带与带轮间出现了相对滑动。这种由于带的弹性变形而引起的带与带轮间的滑动称为弹性滑动。带传动中出现的弹性滑动在摩擦传动中是不可避免的。

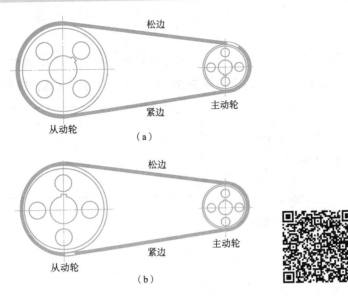

图 4 - 7 带传动的弹性滑动

（a）主动轮的弹性滑动；（b）从动轮的弹性滑动

带的弹性滑动导致从动轮的圆周速度 v_2 小于主动轮的圆周速度 v_1，其速度的降低率称为滑动率，用 ε 表示，即：

$$\varepsilon = \frac{v_1 - v_2}{v_1} = \frac{\pi d_1 n_1 - \pi d_2 n_2}{\pi d_1 n_1} = \frac{d_1 n_1 - d_2 n_2}{d_1 n_1} \tag{4-10}$$

式中，n_1——主动带轮转速，r/min；

n_2——从动带轮转速，r/min；

d_1——主动带轮的基准直径，mm；

d_2——从动带轮的基准直径，mm。

由此可得带传动的传动比为：

$$i = \frac{n_1}{n_2} = \frac{d_2}{d_1 (1 - \varepsilon)} \tag{4-11}$$

弹性滑动率 ε 通常为 0.01 ~ 0.02，在一般计算中可以忽略不计，视为 $\varepsilon = 0$，因此可得带传动的传动比为：

$$i = \frac{n_1}{n_2} \approx \frac{d_2}{d_1} \tag{4-12}$$

小提示

当传动的外载荷增大时，要求有效拉力随之增大。当 F_e 大于带与带轮间的摩擦力总和的最大值时，带将沿着带轮轮面发生全面滑动，从动带轮转速急剧下降甚至为零，使传动失效，这种现象称为打滑。弹性滑动和打滑是两个截然不同的概念，弹性滑动不可避免，而打滑可以避免。

通过以上"相关知识"的学习，思考：为何带传动工作时要以一定的张紧力套在带轮上？带传动工作时受哪些应力的作用？什么是弹性滑动？什么是打滑？这两种现象有何不同？

1. 为何带传动工作时要以一定的张紧力套在带轮上？	
2. 什么是弹性滑动？什么是打滑？这两种现象有何不同？	
3. 画出带传动的应力分布图	

步骤四　带传动的使用和维护

　**想一想：**

　　阅读如下"相关知识"，想一想：带传动安装和维护的过程中要注意哪些问题？带传动工作一段时间后出现松弛现象，采用的张紧方法有哪些？

相关知识

一、带传动的安装与维护

① 带轮在安装时，两带轮轴必须平行，两轮轮槽要对齐，否则将加剧带的摩擦，甚至使带从带轮上脱落。

② V 带在安装时，应按规定的张紧力张紧，带的张紧程度以大拇指能将带按下 15 mm 为宜，如图 4-8 所示，新带使用前最好预先拉紧一段时间后再使用。

③ 传动带不宜与酸、碱或油接触，工作温度不应超过 60℃。

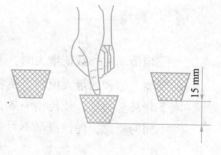

图 4-8　V 带的张紧程度

④ 带传动装置应加保护罩，以保证安全。

⑤ 定期检查胶带，发现其中一根过度松弛或疲劳损坏时，应全部更换新带，不能新旧并用。同组使用的 V 带型号相同、长度相等。

⑥ 带传动无须润滑，禁止往带上加润滑油或润滑脂，应及时清理带轮槽内及传动带上的油污。

二、带传动的张紧

带使用时处于长期张紧状况，在预紧力的作用下，经过一定时间的运转后，就会由于塑性变形而松弛，使初拉力降低。为了保证带传动的能力，应定期检查初拉力的数值。如发现不足时，必须重新张紧，才能正常工作。常见的张紧装置见表 4-6。

表 4-6 带传动的张紧装置

张紧方法	简图	适用范围
1. 调整中心距法	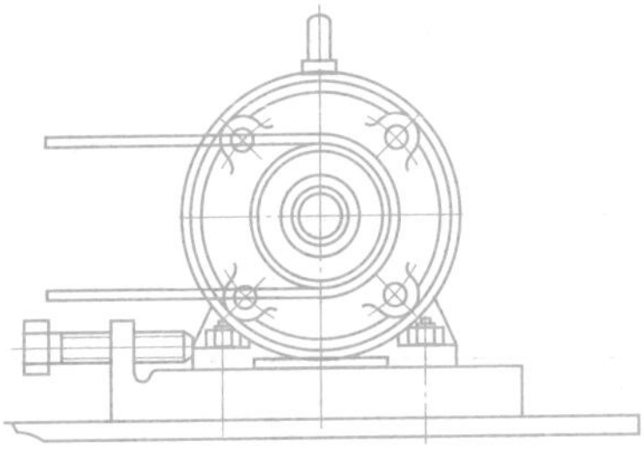 定期张紧装置	定期检查带的初拉力，如发现不足，则调节中心距，使带重新张紧。如图所示为滑轨式张紧装置，将装有带轮的电动机安装在滑轨上，通过调节螺母，将电动机调整到所需的工作位置
	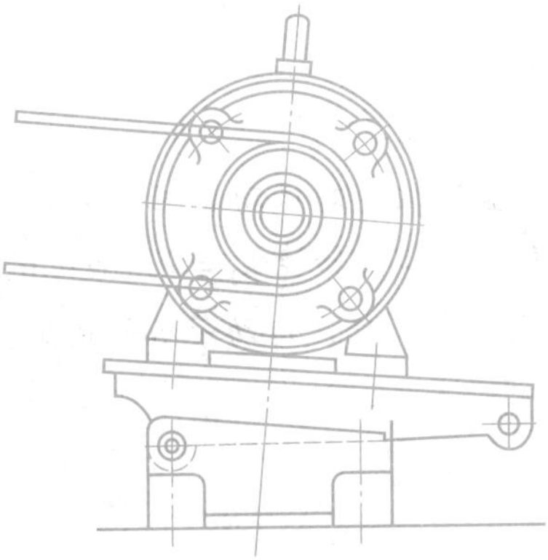 自动张紧装置	自动张紧装置是将装有带轮的电动机安装在可自由摆转的摆架上，利用电动机的自重张紧传动带。常用于中、小功率的传动中
2. 张紧轮方式	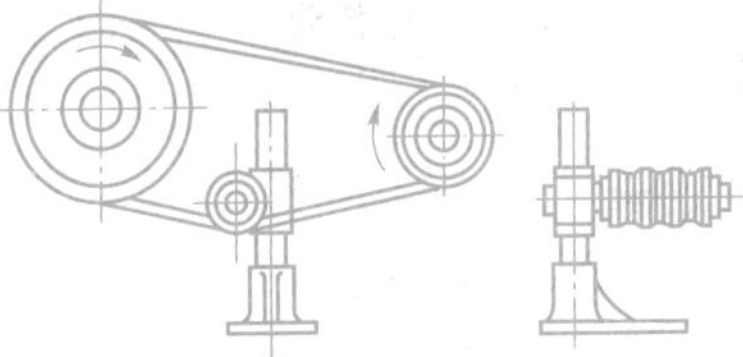	当两带轮的中心距不可调时，可使用张紧轮进行张紧，张紧轮一般安装在松边内侧，且靠近大带轮处，这样可以增加小带轮的包角

通过以上"相关知识"的学习，想一想：带传动安装和维护的过程中要注意哪些问题？带传动工作一段时间后出现松弛现象，采用的张紧方法有哪些？

1. 带传动安装和维护的过程中要注意哪些问题？	
2. 带传动工作一段时间后出现松弛现象，采用的张紧方法有哪些？	

步骤五　带式输送机用 V 带传动设计

❓ **想一想：**

设计三相异步电动机驱动带式输送机，其传动简图如图 4 - 9 所示，已知电动机的额定功率 $P = 4$ kW，转速 $n_1 = 960$ r/min，要求从动轮转速 $n_2 = 320$ r/min，两班制工作，传动带水平放置。

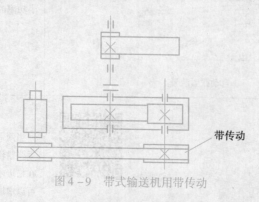

图 4 - 9　带式输送机用带传动

相关知识

一、带传动的主要失效形式和设计准则

① 打滑。带传动所传递的载荷超过带的最大有效拉力，带将在带轮上打滑，使传动失效，打滑是带传动的主要失效形式之一。

② 疲劳破坏。传动带在变应力的状态下工作，带的任一横截面上的应力，将随着带的运转而循环变化。当应力循环次数达到一定数值后将发生疲劳破坏，带的表面出现裂纹、脱层、松散，直至断裂。带的疲劳破坏是带传动的另一种主要失效形式。

③ 带传动的设计准则。在传递规定功率时不打滑，同时具有一定疲劳强度和使用寿命。

二、单根 V 带的额定功率

在载荷平稳、特定带长、传动比 $i = 1$、包角 $\alpha_1 = 180°$ 的条件下，单根普通 V 带的基本额定功率 P_0 见表 4 - 7。

带传动的实际工作条件往往与上述特定条件不同，对查得的值应加以修正。实际工作条件下单根 V 带的基本额定功率为：

$$[P_0] = (P_0 + \Delta P_0)K_\alpha K_L \tag{4 - 13}$$

式中，P_0——单根普通 V 带的基本额定功率，见表 4 - 7；

ΔP_0——单根 V 带额定功率的增量，见表 4 - 8；

K_α——包角系数，考虑 $\alpha \neq 180°$ 时包角对传递功率的影响，见表 4 - 9；

K_L——长度系数，考虑带长不为特定长度时对寿命的影响，见表 4 - 4。

表 4 - 7 单根普通 V 带的基本额定功率 P_0 kW

型号	小带轮基准直径 d_{d1}/mm	小带轮转速 $n_1/$ (r·min^{-1})										
		200	400	600	700	800	950	1 200	1 450	1 600	1 800	2 000
Y	28	—	—	—	—	0.03	0.04	0.04	0.05	0.05	—	0.06
	31.5	—	—	—	0.03	0.04	0.04	0.05	0.06	0.06	—	0.07
	35.5	—	—	—	0.04	0.05	0.05	0.06	0.06	0.07	—	0.08
	40	—	—	—	0.04	0.05	0.06	0.07	0.08	0.09	—	0.11
	45	—	0.04	—	0.05	0.06	0.07	0.08	0.09	0.11	—	0.12
	50	—	0.05	—	0.06	0.07	0.08	0.09	0.11	0.12	—	0.14
	20	—	—	—	—	—	0.01	0.02	0.02	0.03	—	0.03
	25	—	—	—	—	0.03	0.03	0.03	0.04	0.05	—	0.05

型号	小带轮基准直径 d_{d_1}/mm	小带轮转速 n_1/（r·min^{-1}）										
		200	400	600	700	800	950	1 200	1 450	1 600	1 800	2 000
Z	50	—	0.06	—	0.09	0.10	0.12	0.14	0.16	0.17	—	0.20
	56	—	0.06	—	0.11	0.12	0.14	0.17	0.19	0.20	—	0.25
	63	—	0.08	—	0.13	0.15	0.18	0.22	0.25	0.27	—	0.32
	71	—	0.09	—	0.17	0.20	0.23	0.27	0.30	0.33	—	0.39
	80	—	0.14	—	0.20	0.22	0.26	0.30	0.35	0.39	—	0.44
	90	—	0.14	—	0.22	0.24	0.28	0.33	0.36	0.40	—	1.48
A	80	—	0.31	—	0.47	0.52	0.61	0.71	0.81	0.87	—	0.94
	90	—	0.39	—	0.61	0.68	0.77	0.93	1.07	1.15	—	1.34
	100	—	0.47	—	0.74	0.83	0.95	1.14	1.32	1.42	—	1.66
	112	—	0.56	—	0.90	1.00	1.15	1.39	1.61	1.74	—	2.04
	125	—	0.67	—	1.07	1.19	1.37	1.66	1.92	2.07	—	2.44
	140	—	0.78	—	1.26	1.41	1.62	1.96	2.28	2.45	—	2.87
	160	—	0.94	—	1.51	1.69	1.95	2.36	2.73	2.94	—	3.42
	180	—	1.09	—	1.76	1.97	2.27	2.74	3.16	3.40	—	3.93
B	125	—	0.84	—	—	1.44	1.64	1.93	2.19	2.33	2.50	2.64
	140	—	1.05	—	—	1.82	2.08	2.47	2.82	3.00	3.23	3.42
	160	—	1.32	—	—	2.32	2.66	3.17	3.62	3.86	4.15	4.40
	180	—	1.59	—	—	2.81	3.22	3.85	4.39	4.68	5.02	5.30
	200	—	1.85	—	—	3.30	3.77	4.50	5.13	5.46	5.83	6.13
	224	—	2.17	—	—	3.86	4.42	5.26	5.97	6.33	6.73	7.02
	250	—	2.50	—	—	4.46	5.10	6.04	6.82	7.20	7.63	7.87
	280	—	2.89	—	—	5.13	5.85	6.90	7.76	8.13	8.46	8.63
C	200	—	—	3.30	—	4.07	4.58	5.29	5.84	6.07	6.28	6.34
	224	—	—	4.12	—	5.12	5.78	6.71	7.45	7.75	8.00	8.06
	250	—	—	5.00	—	6.23	7.04	8.21	9.04	9.38	9.63	9.62
	280	—	—	6.00	—	7.52	8.49	9.81	10.72	11.06	11.22	11.04
	315	—	—	7.14	—	8.92	10.05	11.53	12.46	12.72	12.67	12.14
	355	—	—	8.45	—	10.46	11.73	13.31	14.12	14.19	13.73	12.59
	400	—	—	9.82	—	12.10	13.48	15.04	15.53	15.24	14.08	11.95
	450	—	—	11.29	—	13.80	15.23	16.59	16.47	15.77	13.29	9.64

续表

型号	小带轮基准直径 d_{d_1}/mm	小带轮转速 n_1/($r \cdot min^{-1}$)										
		200	400	600	700	800	950	1 200	1 450	1 600	1 800	2 000
D	355	5.31	—	—	13.70	—	16.15	17.25	16.77	15.63	—	—
	400	6.52	—	—	17.07	—	20.06	21.20	20.15	18.31	—	—
	450	7.90	—	—	20.63	—	24.01	24.84	22.62	19.59	—	—
	500	9.21	—	—	23.99	—	27.50	26.71	23.59	18.88	—	—
	560	10.76	—	—	27.73	—	31.04	29.67	22.58	15.13	—	—
	630	12.54	—	—	31.68	—	34.19	30.15	18.06	6.25	—	—
	710	14.55	—	—	35.59	—	36.35	27.88	7.99	—	—	—
	800	16.76	—	—	39.14	—	36.76	21.32	—	—	—	—

表 4-8　单根普通 V 带额定功率的增量 ΔP_0　　　　　　kW

型号	传动比 i	小带轮转速 n_1/($r \cdot min^{-1}$)								
		200	400	700	800	950	1 200	1 450	1 600	2 000
Z	1.09~1.12	0.00	0.00	0.00	0.00	0.00	0.00	—	0.00	0.00
	1.13~1.18	0.00	0.00	0.00	0.00	0.00	0.00	0.00	0.00	0.00
	1.19~1.24	0.00	0.00	0.00	0.00	0.00	0.00	0.00	0.00	0.00
	1.25~1.34	0.00	0.00	0.00	0.00	0.00	0.00	0.00	0.02	0.00
	1.35~1.50	0.00	0.00	0.01	0.01	0.01	0.02	0.03	0.02	0.03
	≥2	0.00	0.01	0.01	0.02	0.02	0.03	0.03	0.03	0.04
A	1.09~1.12	0.00	0.00	0.00	0.00	0.00	0.00	0.00	0.00	0.00
	1.13~1.18	0.01	0.02	0.04	0.04	0.05	0.04	0.08	0.09	0.11
	1.19~1.24	0.01	0.03	0.05	0.05	0.06	0.08	0.09	0.11	0.13
	1.25~1.34	0.02	0.04	0.06	0.06	0.07	0.10	0.11	0.13	0.16
	1.35~1.51	0.02	0.04	0.07	0.07	0.08	0.11	0.13	0.15	0.19
	≥2	0.03	0.05	0.09	0.09	0.11	0.15	0.17	0.19	0.24
B	1.09~1.12	0.02	0.04	0.07	0.08	0.10	0.13	0.15	0.17	0.21
	1.13~1.18	0.03	0.06	0.10	0.11	0.13	0.17	0.20	0.23	0.28
	1.19~1.24	0.04	0.07	0.12	0.14	0.17	0.21	0.25	0.28	0.35
	1.25~1.34	0.04	0.08	0.15	0.17	0.20	0.25	0.31	0.34	0.42
	1.35~1.51	0.05	0.10	0.17	0.20	0.23	0.30	0.36	0.39	0.49
	≥2	0.06	0.13	0.20	0.25	0.30	0.38	0.46	0.51	0.63

型号	传动比 i	小带轮转速 n_1/ (r·min^{-1})								
		200	400	700	800	950	1 200	1 450	1 600	2 000
C	1.09 ~ 1.12	0.06	0.12	0.21	0.23	0.27	0.35	0.42	0.47	0.59
	1.13 ~ 1.18	0.08	0.16	0.27	0.31	0.37	0.47	0.58	0.63	0.78
	1.19 ~ 1.24	0.10	0.20	0.34	0.39	0.47	0.59	0.71	0.78	0.98
	1.25 ~ 1.34	0.12	0.23	0.41	0.47	0.56	0.70	0.85	0.94	1.17
	1.35 ~ 1.51	0.14	0.27	0.48	0.55	0.65	0.82	0.99	1.10	1.37
	≥2	0.18	0.35	0.62	0.71	0.83	1.06	1.27	1.41	1.76

表 4 – 9　小带轮包角系数 K_α

小轮包角	180°	175°	170°	165°	160°	155°	150°	145°
K_α	1	0.99	0.98	0.96	0.95	0.93	0.92	0.91
小轮包角	140°	135°	130°	125°	120°	110°	100°	90°
K_α	0.89	0.88	0.86	0.84	0.82	0.78	0.74	0.69

三、带传动的设计步骤和参数选择

1. 确定计算功率 P_c

计算功率是根据传递的额定功率 P，并考虑载荷性质以及每天工作运转时间的长短等因素的影响而确定的，即：

$$P_c = K_A P \tag{4 – 14}$$

式中，K_A——工作情况系数，见表 4 – 10；

　　　P——传递的额定功率。

表 4 – 10　工作情况系数 K_A

工作机		原动机					
载荷性质	机器举例	I 类			II 类		
		每天工作小时数/h					
		< 10	10 ~ 16	> 16	< 10	10 ~ 16	> 16
载荷变动最小	液体搅拌机、通风机和鼓风机（≤7.5 kW）、离心式水泵和压缩机、轻负荷输送机	1.0	1.1	1.2	1.1	1.2	1.3

工作机		原动机					
载荷性质	机器举例	I 类			II 类		
		每天工作小时数/h					
		<10	10~16	>16	<10	10~16	>16
载荷变动小	带式输送机（不均匀负荷）、通风机（>7.5 kW）、旋转式水泵和压缩机（非离心式）、发电机、金属切削机床、印刷机、旋转筛、锯木机和木工机械	1.1	1.2	1.3	1.2	1.3	1.4
载荷变动较大	制砖机、斗式提升机、往复式水泵和压缩机、起重机、磨粉机、冲剪机床、橡胶机械、振动筛、纺织机械、重载输送机	1.2	1.3	1.4	1.4	1.5	1.6
载荷变动很大	破碎机（旋转式、颚式等）、磨碎机（球磨、棒磨、管磨）	1.3	1.4	1.5	1.5	1.6	1.8

注：① I 类：普通笼型交流电动机、同步电动机、直流电动机，$n \geqslant 600$ r/min 内燃机。II 类：交流电动机（双笼型、集电式、单相、大转差率）、直流电动机（复励、串励）、单缸发动机，$n < 600$ r/min 内燃机。

② 反复启动、正反转频繁、工作条件恶劣等场合，K_A 应乘以 1.1。

2. 选择 V 带型号

根据计算功率 P_c 及小带轮转速 n_1，由图 4-10 选择 V 带型号。当坐标点 (P_c, n_1) 位于图中型号分界线附近时，可选相邻两种带型进行设计计算，最后比较两种方案的设计结果，择优选择。

3. 确定带轮的基准直径 d_{d_1}、d_{d_2}

（1）初选小带轮直径 d_{d_1}

带轮直径小可使传动结构紧凑，但另一方面弯曲应力大，使带的寿命降低，设计时应使 $d_{d_1} > d_{d\min}$，各型 V 带的 $d_{d\min}$ 值见表 4-11。设计时可参考图 4-10 中给出的带轮直径范围，按标准取值。

（2）从动轮基准直径 d_{d_2}

按式 $d_{d_2} = i d_{d_1}$ 计算出 d_{d_2}，计算结果一般按表 4-11 的基准直径系列圆整。

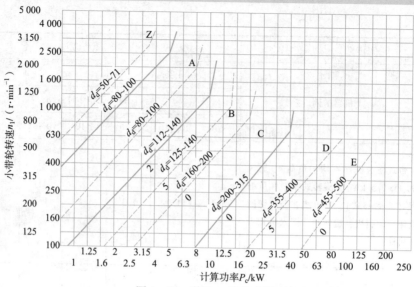

图 4 – 10 普通 V 带选型图

表 4 –11 普通 V 带带轮的最小基准直径及基准直径系列

mm

V 带轮型号	Y	Z	A	B	C	D	E
$d_{d\,min}$	20	50	75	125	200	355	500
基准直径系列	22.4 25 28 31.5 35.5 40 45 50 56 63 71 80 90 100 112 125	(56) 63 71 75 80 90 100 112 125 132 140 150 160 180 200 224 250 280 315 355 400 500 630	(80) (85) 90 100 106 112 118 125 132 140 150 160 180 200 224 250 280 315 355 400 450 500 560 630 710 800	(132) 140 150 160 170 180 200 224 250 280 315 355 400 450 500 560 600 630 710 750 800 900 1 000 1 200	(212) 224 236 250 265 280 300 315 335 355 400 450 500 560 600 630 710 750 800 900 1 000 1 200 1 250 1 400 1 600 2 000	375 400 425 50 475 500 560 600 630 710 750 800 900 1 000 1 060 1 120 1 250 1 400 1 500 1 600 1 800 2 000	530 560 600 630 670 710 800 900 1 000 1 120 1 250 1 400 1 500 1 600 1 800 1 900 2 000 2 240 2 500

注：括号内的直径尽量不用。

4. 验算带速 v

$$v = \frac{\pi d_{d_1} n_1}{60 \times 1\ 000} \tag{4-15}$$

设计时，应使带速在 $v = 5 \sim 25$ m/s。带速高，则离心力大，带与带轮间的摩擦力减小，传动易打滑，且带的绕转次数增多，降低了带的寿命；带速过小，则带传动的有效拉力增大，带的根数增多，于是带轮的宽度、轴径以及轴承的尺寸都随之增大。若带速超过上述范围时，应重新选取小带轮的基准直径 d_{d_1}。

5. 确定中心距 a 和带的基准长度 L_d

（1）初定中心距 a_0

设计条件如果没有给定传动中心距，则可按结构要求选取，一般可按下式初选中心距 a_0。

$$0.7(d_{d_1} + d_{d_2}) \leq a_0 \leq 2(d_{d_1} + d_{d_2}) \tag{4-16}$$

a_0 确定后，根据带传动的几何关系按式（4-17）计算带的基准长度 L_0。

$$L_0 = 2a_0 + \frac{\pi}{2}(d_{d_1} + d_{d_2}) + \frac{(d_{d_2} - d_{d_1})^2}{4a_0} \tag{4-17}$$

根据 L_0 由表 4-4 选取与 L_0 相近的基准长度 L_d。

（2）确定中心距 a，根据 L_d 计算实际中心距

$$a \approx a_0 + \frac{L_d - L_0}{2} \tag{4-18}$$

考虑安装调整和保持 V 带张紧的需要，允许实际中心距 a 有下列调整范围。

$$\left. \begin{array}{l} a_{\min} = a - 0.015L_d \\ a_{\max} = a + 0.03L_d \end{array} \right\} \tag{4-19}$$

6. 验算小带轮包角 α_1

小带轮包角应满足：

$$\alpha_1 = 180° - \frac{d_{d_2} - d_{d_1}}{a} \times 57.3° \geq 120° \tag{4-20}$$

若不满足上式要求，可适当增大中心距或使用张紧轮。

7. 确定 V 带的根数 z

$$z \geq \frac{P_c}{(P_0 + \Delta P_0)K_\alpha K_L} \tag{4-21}$$

将计算结果圆整，为了使每根 V 带受力均匀，根数不宜过多，通常为 $z \leq 7$，如果超出范围，可改选 V 带型号，重新设计计算。

8. 确定带的初拉力 F_0

$$F_0 = 500 \frac{P_c}{zv}\left(\frac{2.5}{K_\alpha} - 1\right) + qv^2 \tag{4-22}$$

带保持适当的初拉力是带传动正常工作的必要条件，初拉力不足，则摩擦力小，容易发生打滑；初拉力过大，会使带的疲劳寿命降低。由于新带容易松弛，对不能调整中心距的普通 V 带，安装新带时的初拉力应为计算值的 1.5 倍。

9. 计算 V 带对轴的压力 F_Q

V 带的张紧对轴和轴承产生的压力 F_Q 会影响轴和轴承的强度和寿命，在设计轴和轴承时，应先计算出 V 带作用在轴上的压力 F_Q。为了简化计算，一般按带不工作静止状态下带轮两边的初拉力 F_0 的合力来计算，即：

$$F_Q = 2F_0 z \sin\frac{\alpha_1}{2} \qquad\qquad (4-23)$$

10. 带轮的结构设计（略）

设计计算内容	结果
1. 确定计算功率 P_c 查表 4-10 得工作情况系数 $K_A = 1.2$，故 $$P_c = K_A P = 1.2 \times 4 = 4.8 \ (\text{kW})$$	$P_c = 4.8 \ \text{kW}$
2. 选择 V 带型号 根据 $P_c = 4.8 \ \text{kW}$ 和 $n_1 = 960 \ \text{r/min}$，由图 4-10 确定选用 A型 V 带。	选用 A 型 V 带
3. 确定带轮基准直径 ① 按设计要求，参考图 4-10 及表 4-11，选取小带轮直径 $d_{d_1} = 125 \ \text{mm}$。 ② 计算从动轮直径： $$d_{d_2} = \frac{n_1}{n_2} d_{d_1} = \frac{960}{320} \times 125 = 375 \ (\text{mm})$$ 查表 4-11，按标准取 $d_{d_2} = 355 \ \text{mm}$	$d_{d_1} = 125 \ \text{mm}$ $d_{d_2} = 355 \ \text{mm}$
4. 验算带速 $$v = \frac{\pi d_{d_1} n_1}{60 \times 1\,000} = \frac{3.14 \times 125 \times 960}{60 \times 1\,000} = 7.034 \ (\text{m/s}),$$ 满足要求	带速在 5~25 m/s
5. 确定中心距 a 和 V 带长度 L_d 由 $0.7(d_{d_1} + d_{d_2}) \leqslant a_0 \leqslant 2(d_{d_1} + d_{d_2})$ 得 $336 \leqslant a_0 \leqslant 960$ 初选中心距 $a_0 = 600 \ \text{mm}$ 由式 $L_0 = 2a_0 + \frac{\pi}{2}(d_{d_1} + d_{d_2}) + \frac{(d_{d_2} - d_{d_1})^2}{4a_0}$ 得 $L_0 =$ 1 975.64 mm 查表 4-4，取带的基准长度 $L_d = 2\,000 \ \text{mm}$ 按下式计算实际中心距： $$a = a_0 + \frac{L_d - L_0}{2} = 612.18 \ \text{mm}$$	初选中心距 $a_0 = 600 \ \text{mm}$ 查表 4-4，取带的基准长度 $L_d = 2\,000 \ \text{mm}$ $a = 612.18 \ \text{mm}$

续表

设计计算内容	结果
6. 校核小带轮的包角 α_1 $\alpha_1 = 180° - \dfrac{d_{d_2} - d_{d_1}}{a} \times 57.3° = 158.5° > 120°$	小带轮包角满足要求
7. 确定 V 带根数 查表 4-7 得 $d_{d_1} = 125$ mm。$n_1 = 950$ r/min、$n_1 = 1\,200$ r/min 时单根 A 型 V 带的额定功率分别为 1.37 kW、1.66 kW，$n_1 = 960$ r/min 时的额定功率可用线性插值法求出： $P_0 = 1.37 \times \dfrac{1.66 - 1.37}{1\,200 - 950} \times (960 - 950) = 1.382$ （kW） 查表 4-8 得 $\Delta P_0 = 0.11$ 查表 4-9 得 $K_\alpha = 0.944$ 查表 4-4 得 $K_L = 1.03$，$P_c = 4.8$ 由式 $z = \dfrac{P_c}{(P_0 + \Delta P_0)K_\alpha K_L} = 3.31$ 得 $z = 4$	$P_0 = 1.382$ kW $\Delta P_0 = 0.11$ kW $K_\alpha = 0.944$ $K_L = 1.03$ $P_c = 4.8$ kW 带的根数圆整取 4 根普通 V 带
8. 计算单根 V 带的初拉力 F_0 查表 4-3 得 $q = 0.1$ kg/m $F_0 = 500 \dfrac{P_c}{vz} \left(\dfrac{2.5}{K_\alpha} - 1 \right) + qv^2 = 145.03$ N	$F_0 = 145.03$ N
9. 计算对轴的压力 F_Q $F_Q = 2F_0 z \sin \dfrac{\alpha_1}{2} = 1\,137.04$ N	$F_Q = 1\,137.04$ N
10. 带轮的结构设计	略

任务拓展训练（学习工作单)

任务名称		带传动设计	日期		
组长		班级		小组其他成员	
实施地点					
实施条件					
任务描述	设计某传动系统中的普通 V 带传动，已知电动机类型为普通笼型交流电动机，额定功率 $P=5$ kW，转速 $n_1=1\,440$ r/min，传动比 $i=3.8$，一班工作制				
任务分析					
任务实施步骤					
评价					

评价细则	专业能力	基础知识掌握	素质能力	正确查阅相关资料
		实际工况分析		严谨的工作态度
		设计步骤完整		语言表达能力
		设计结果合理		小组配合默契，团结协作
	成绩			

巩固练习

一、思考题

1. 带传动的常见类型有哪些？各有何特点？

2. 什么是初拉力、有效拉力、松边拉力、紧边拉力？它们之间有何关系？

3. 带传动中的弹性滑动和打滑有何区别？对传动有何影响？

4. 带传动的失效形式有哪些？带传动设计准则的内容是什么？

5. V带截面的楔角为40°，为什么V带轮槽楔角是32°、34°、36°或38°？

5. 在V带传动设计中，为什么要限制带速在 $v = 5 \sim 25$ m/s？

6. 带传动张紧的目的是什么？常用的张紧装置有哪些？使用张紧轮进行张紧时，张紧轮放置的位置有何要求？

7. 两带轮的基准直径如何选择？

8. 什么叫作包角？小带轮的包角对带传动有何影响？

二、选择题

1. 带传动中传动比较准确的是（ ）。

A. 平带   B. V带   C. 圆带   D. 同步带

2. 平带传动是依靠（ ）来传递运动的。

A. 主轴的动力   B. 主动轮的转矩

C. 带与轮之间的摩擦力   D. 以上均不是

3. 如图4-11所示，V带在轮槽中的正确安装位置是（ ）。

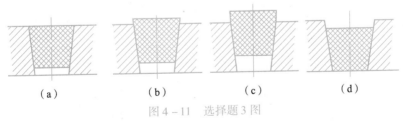

| (a) | (b) | (c) | (d) |

图4-11 选择题3图

4. 为使V带的两侧工作面与轮槽的工作面能紧密贴合，轮槽的夹角 φ 必须比40°略（ ）。

A. 大一些   B. 小一点   C. 一样大   D. 可以随便

5. 带传动采用张紧轮的目的是（ ）。

A. 减轻带的弹性滑动   B. 提高带的寿命

C. 改变带的运动方向   D. 调节带的初拉力

6. 与齿轮传动和链传动相比，带传动的主要优点是（ ）。

A. 工作平稳，无噪声　　　　　B. 传动的质量小

C. 摩擦损失小，效率高　　　　D. 寿命较长

三、分析设计题

1. V带传动传递功率 $P = 7.5$ kW，带的速度 $v = 10$ m/s，紧边拉力是松边拉力的 5 倍，试求紧边拉力及有效拉力。

2. 设计某车用普通 V 带传动，已知电动机的额定功率 $P = 9$ kW，转速 $n_1 = 1480$ r/min，从动轴的转速 $n_2 = 650$ r/min，两班制工作。

3. 已知一普通 V 带传动，用 Y 系列三相异步电动机驱动，转速 $n_1 = 1460$ r/min，$n_2 = 650$ r/min，主动轮基准直径 $d_{d_1} = 125$ mm，中心距 $a = 800$ mm，B 型带三根，载荷平稳，两班制工作，试求带传动所能传递的功率 P。

4. 带式输送机采用 3 根 B 型 V 带传动，已知主动轮转速 $n_1 = 1440$ r/min，从动轴的转速 $n_2 = 580$ r/min，主动轮基准直径 $d_{d_1} = 180$ mm，中心距 $a = 900$ mm，传动水平布置，初拉力符合标准规定，一班制工作，传动平稳，求此带传动能传递的功率。

任务 5   链传动

任务目标

【知识目标】

◇ 了解链传动的类型、结构、应用及特点；
◇ 了解滚子链的结构，掌握其基本参数及链轮结构形式的选择；
◇ 能够合理选择链传动的基本参数，掌握链传动设计的一般方法及步骤；
◇ 能够根据实际工况确定链传动的布置方式，合理选择张紧装置和润滑方式。

【能力目标】

◇ 能根据实际工况，合理地进行链传动的设计；
◇ 学会查阅工具书或手册。

【职业目标】

◇ 分析问题、解决问题的能力；
◇ 严谨的工作态度。

任务描述

设计链式输送机的滚子链传动，如图 5 – 1 所示，已知传递功率 $P = 10$ kW，$n_1 = 950$ r/min，$n_2 = 250$ r/min，电动机驱动，载荷平稳，单班工作。

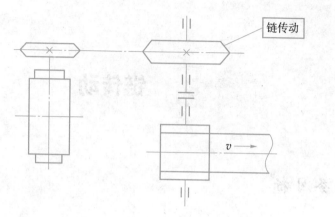

图 5 – 1　链式输送机传动示意图

 任务分析

　　链传动的设计，一般给定的原始数据包括传动的工作条件、传递的功率 P、链轮转速或传动比、对传动外轮廓尺寸的要求等。

　　本任务原动机类型为三相异步电动机，工作机是链式输送机的滚子链传动，工作情况属于载荷平稳，传递功率 $P = 10$ kW，$n_1 = 950$ r/min，$n_2 = 250$ r/min，单班工作。

　　设计的内容包括：链条的节距、排数和链条节数、链轮齿数、材料和结构、传动中心距、计算作用在轴上的力。

　　要完成本任务链式输送机的滚子链传动的设计需完成如下 4 步内容的学习。

学习任务分解
步骤一　链传动的组成、类型及特点
步骤二　滚子链及其链轮
步骤三　链式输送机用滚子链传动的设计
步骤四　链传动的布置、张紧和润滑

任务实施

步骤一　链传动的组成、类型及特点

 想一想：

生活中哪些机器传动的形式是链传动？想一想本任务链式输送机中所用链传动属于哪种类型，具有什么特点？

 相关知识

一、链传动的组成及类型

链传动由装在平行轴上的主、从动链轮和绕在链轮上的环形链条所组成，如图 5-2 所示，以链条作中间挠性件，靠链条与链轮轮齿的啮合来传递运动和动力。

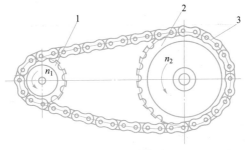

图 5-2　链传动

1—主动链轮；2—从动链轮；3—链

链条的种类很多，按用途不同可分为传动链、起重链和牵引链 3 种。传动链主要用于一般机械传动，应用较广；起重链主要用于起重机械中，用来提升重物；牵引链主要用于各种输送装置，用来输送和搬运物品。

传动链的主要类型有套筒滚子链和齿形链，如图 5-3 和图 5-4 所示。套筒滚子链结构简单，质量较小，制造和安装成本低，应用较为广泛。齿形链运转平稳、噪声小、承受冲击载荷的能力高，但结构复杂、价格较贵、质量较大，应用没有滚子链那样广泛。本任务主要介绍套筒滚子链的结构和设计计算。

图 5-3　滚子链

图 5-4　齿形链

二、链传动的特点和应用范围

1. 链传动的特点

与带传动、齿轮传动相比，链传动的主要特点如下。

优点：没有弹性滑动和打滑，能保持准确的平均传动比，传动效率较高（封闭式链传动传动效率 $\eta = 0.95 \sim 0.98$）；链条不需要像带那样张得很紧，所以压轴力较小；传递功率大，过载能力强；能在低速重载下较好工作；能适应恶劣环境如多尘、油污、腐蚀和高强度场合。

缺点：瞬时链速和瞬时传动比不为常数，工作中有冲击和噪声，磨损后易发生跳齿，不宜应用在载荷变化很大和急速反向的传动中。

2. 链传动的使用范围

传动功率一般为 100 kW 以下，效率在 $0.92 \sim 0.96$，传动比 i 不超过 7，传动速度一般小于 15 m/s。链传动广泛应用于矿山机械、冶金机械、运输机械、机床传动及轻工机械中。按用途的不同链条可分为传动链、起重链和牵引链。用于传递动力的传动链又有齿形链和滚子链两种。齿形链运转较平稳、噪声小，又称为无声链。它适用于高速、运动精度较高的传动中，链速可达 40 m/s，但缺点是制造成本高、质量大。

举例说说日常生产和生活中链传动的应用	
链式输送机中使用的链传动属于哪种类型？	
说说链传动适用于哪些工作场合	

步骤二 滚子链及其链轮

? 想一想：

　　自行车上的链传动属于哪类链条？基本结构如何？对链轮齿形有哪些要求？在选择链轮材料时要注意哪些问题？

相关知识

一、滚子链

1. 滚子链的结构

图 5-5 所示为滚子链结构，由内链板 1、外链板 2、销轴 3、套筒 4 和滚子 5 组成。销轴 3 与外链板 2、套筒 4 与内链板 1 分别用过盈配合连接。而销轴 3 与套筒 4、滚子 5 与套筒 4 之间则为间隙配合，所以，当链条与链轮轮齿啮合时，滚子与轮齿间基本上为滚动摩擦。套筒与销轴间、滚子与套筒间为滑动摩擦。链板一般做成 8 字形，以使各截面接近等强度，并可减小质量和运动时的惯性。

2. 滚子链的主要参数

滚子链是标准件，其主要参数是节距 p，它是指链条上相邻两销轴中心间的距离。节距越大，链条的各零件尺寸越大，所能传递的功率越大。但当链轮齿数一定时，节距增大会使链轮直径增大。因此，在传递功率较大时，常采用小节距的多排链，如图 5-6 所示为双排滚子链，图中 p_t 为排距。多排链由单排链组合而成，其承载能力与排数接近成正比，但由于制造和装配误差，各排链受载不易均匀，因此实际运用中排数一般不超过 4。

滚子链的基本参数除节距 p 外，还有滚子外径 d_1、内链节链宽 b_1、销轴直径 d_2 等。我国链条标准 GB/T 1243—2006 规定的几种常用滚子链的主要尺寸见表 5-1。根据应用场合和极限拉伸载荷的不同，滚子链分为 A、B 两个系列，A 系列用于重载、高速和重要的传动，B 系列用于一般传动。表中的链号数乘以 25.4/16 即为节距 p 值。

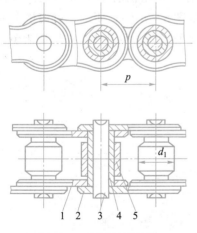

图 5-5 滚子链的结构

1—内链板；2—外链板；3—销轴；

4—套筒；5—滚子

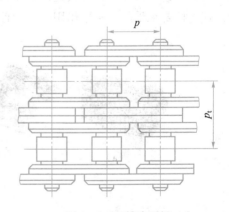

图 5-6 双排滚子链

表 5-1　滚子链的规格及主要参数（摘自 GB/T 1243—2006）

链号	节距 p/mm	排距 p_t/mm	滚子外径 d_1/mm	内链节链宽 b_1/mm	销轴直径 d_2/mm	内链板高度 h_2/mm	极限拉伸载荷（单排） F_Q/N	每米质量（单排）q/ (kg·m^{-1})
05B	8.00	5.64	5.00	3.00	2.31	7.11	4 400	0.18
06B	9.525	10.24	6.35	5.72	3.28	8.26	8 900	0.40
08A	12.70	14.38	7.95	7.85	3.96	12.07	13 800	0.60
08B	12.70	13.92	8.51	7.75	4.45	11.81	17 800	0.70
10A	15.875	18.11	10.16	9.40	5.08	15.09	21 800	1.00
12A	19.05	22.78	11.91	12.57	5.94	18.08	31 100	1.50
16A	25.40	29.29	15.88	15.75	7.92	24.13	55 600	2.60
20A	31.75	35.76	19.05	18.90	9.53	30.18	86 700	3.80
24A	38.10	45.44	22.23	25.22	11.10	36.20	124 600	5.60
28A	44.45	48.87	25.40	25.22	12.70	42.24	169 000	7.50
32A	50.80	58.55	28.58	31.55	14.27	48.26	222 400	10.10
40A	63.50	71.55	39.68	37.85	19.24	60.33	347 000	16.10
48A	76.20	87.93	47.63	47.35	23.80	72.39	500 400	22.60

3. 滚子链的接头形式

滚子链的长度以链节数来表示，当链节数为偶数时，接头处可用开口销（见图 5-7（a））或弹簧卡片（见图 5-7（b））来固定，通常前者用于大节距，后者用于小节距。当链节数为奇数时，接头处需采用过渡链节如图 5-7（c）所示。过渡链节在链条受拉时，其链板要承受附加弯矩作用，从而使其强度降低，因此在设计时应尽量避免采用奇数链节。

（a）　　　　　　　　（b）　　　　　　　　（c）

图 5-7　滚子链的接头

(a) 开口销；(b) 弹簧卡片；(c) 过渡链节

4. 滚子链的标记

滚子链的标记方法为：链号-排数×链节数　标准编号。例如 16A-1×80　GB/T 1243—2006，即为按标准制造的 A 系列、节距 25.4 mm、单排、80 节的滚子链。

二、链轮

1. 链轮的齿形

链轮齿形必须保证链节能平稳自如地进入和退出啮合，尽量减少啮合时链节的冲击和接触应力，而且要易于加工。

　　图 5－8 所示为常用的三圆弧一直线齿形，这种齿形的轮齿工作时，啮合处的应力较小，因而具有较高的承载能力。可用标准刀具以范成法加工，其端面齿形无须在工作图上画出，只须注明"齿形按 GB/T 1243—2006 规定制造"即可。

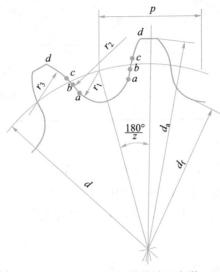

图 5－8　滚子链链轮的端面齿形

2. 链轮的基本参数及主要尺寸

　　如图 5－9 所示，链轮的基本参数是配用链条的节距 p、滚子外径 d_1、齿数 z 及排距 p_t。链轮的主要尺寸及计算公式见表 5－2。

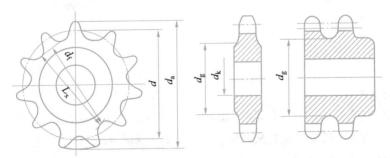

图 5－9　滚子链链轮的主要几何尺寸

表 5－2　滚子链链轮的主要尺寸

名称	符号	计算公式
分度圆直径	d	$d = \dfrac{p}{\sin\dfrac{180°}{z}}$
齿顶圆直径	d_a	$d_a = p\left(0.54 + \cot\dfrac{180°}{z}\right)$
齿根圆直径	d_f	$d_f = d - d_1$（d_1 滚子外径）

名称	符号	计算公式
最大齿根距离	L_x	$L_x = d_f$（偶数齿） $L_x = d\cos\left(\dfrac{90°}{z}\right) - d_1$（奇数齿）
齿侧凸缘（或排间槽）直径	d_g	$d_g < p\cot\dfrac{180°}{z} - 1.04h_2 - 0.76$ h_2 为内链板高度

3. 链轮的结构

链轮的结构如图 5 – 10 所示，小直径的链轮可采用整体式结构，如图 5 – 10（a）所示；中等尺寸的链轮可采用腹板或孔板式结构，如图 5 – 10（b）所示；大直径（$d > 200$ mm）的链轮常采用装配式结构，如图 5 – 10（c）所示，以便链轮轮齿失效后更换齿圈。齿圈可以焊接或用螺栓连接在轮体上。

图 5 – 10　链轮结构
(a) 整体式；(b) 孔板式；(c) 装配式

4. 链轮的材料

链轮的材料应能保证轮齿具有足够的耐磨性和强度。由于小链轮轮齿的啮合次数比大链轮轮齿的啮合次数多，所受冲击也较严重，故小链轮材料一般优于大链轮。

链轮常用材料和应用范围见表 5 – 3。

表 5 – 3　链轮常用材料及齿面硬度

材料	热处理	齿面硬度	应用范围
15，20	渗碳、淬火、回火	50 ~ 60HRC	$z \leqslant 25$，有冲击载荷的主、从动链轮
35	正火	160 ~ 200HBS	在正常工作条件下，齿数较多（$z > 25$）的链轮
40，50，ZG310—570	淬火、回火	40 ~ 50HRC	无剧烈振动及冲击的链轮

材料	热处理	齿面硬度	应用范围
15Cr，20Cr	渗碳、淬火、回火	50~60HRC	有动载荷及传动较大功率的重要链轮（z<25）
35SiMn，40Cr，35CrMo	淬火、回火	40~50HRC	使用优质链条、重要的链轮
Q235，Q275	焊接后退火	140HBS	中等速度、传动中等功率的较大链轮
普通灰铸铁	淬火、回火	260~280HBS	z_2>50 的从动轮
夹布胶木	—	—	功率小于6 kW、速度较高、要求传动平稳和噪声小的链轮

通过以上"相关知识"的学习，想一想：自行车上的链传动属于哪类链条？基本结构如何？对链轮齿形有哪些要求？在选择链轮材料时要注意哪些问题？

1. 自行车上的链传动属于哪类链条？基本结构如何？	
2. 对链轮齿形有哪些要求？	
3. 在选择链轮材料时要注意哪些问题？	

步骤三 链式输送机用滚子链传动的设计

？ 想一想：

设计链式输送机的滚子链传动，如图 5-1 所示，已知传递功率 $P=10$ kW，$n_1=95$ r/min，$n_2=250$ r/min，电动机驱动，载荷平稳，单班工作。

相关知识

一、链传动的失效形式

链传动的失效多为链条失效，主要表现如下。

① 链板疲劳破坏。链在松边拉力和紧边拉力的反复作用下，经过一定的循环次数，链板会发生疲劳破坏。正常润滑条件下，疲劳强度是限定链传动承载能力的主要因素。

② 滚子套筒的冲击疲劳破坏。链传动的啮入冲击首先由滚子和套筒承受。在反复多次的冲击下，经过一定的循环次数，滚子、套筒会发生冲击疲劳破坏。这种失效形式多发生于中高速闭式链传动中。

③ 销轴与套筒的胶合。润滑不当或速度过高时，销轴和套筒的工作表面会发生胶合，胶合限定了链传动的极限转速。

④ 链条铰链磨损。铰链磨损后链节变长，容易引起跳齿或脱链。开式传动、环境条件恶劣或润滑密封不良时，极易引起铰链磨损，从而急剧降低链条的使用寿命。

⑤ 过载拉断。这种拉断发生于低速重载的传动中。

二、链传动的设计步骤及主要参数选择

链传动的速度一般可分为低速（$v < 0.6$ m/s）、中速（$v = 0.6 \sim 8.0$ m/s）和高速（$v > 8$ m/s）。对于中、高速链传动，以抗疲劳破坏为主，按额定功率曲线设计；而低速链传动则通常按链的抗拉静力强度来计算。

1. 设计计算准则

（1）中、高速链传动（$v > 0.6$ m/s）

对于中、高速链传动，其主要失效形式为疲劳破坏，其设计通常以疲劳强度为主并综合考虑其他失效形式的影响。设计准则为传递的功率值（计算功率值）小于许用功率值，即：

$$P_c \leqslant [P] \tag{5-1}$$

计算功率为：

$$P_c = K_A P \tag{5-2}$$

式中，K_A——工作情况系数，见表 5-4；

$\quad P$——名义功率，kW。

许用功率为：

$$[P] = K_z \cdot K_i \cdot K_a \cdot K_{p_t} \cdot P_0 \tag{5-3}$$

式中，K_z——小链轮齿数系数，见表 5-5；

$\quad K_i$——传动比系数，见表 5-6；

$\quad K_a$——中心距系数，见表 5-7；

$\quad K_{p_t}$——多排链系数，见表 5-8；

$\quad P_0$——单排链额定功率，kW。

由式得：

$$K_A P \leqslant K_z \cdot K_i \cdot K_a \cdot K_{p_t} \cdot P_0 \tag{5-4}$$

$$P_0 \geqslant P \frac{K_A}{K_z \cdot K_i \cdot K_a \cdot K_{p_t}} \tag{5-5}$$

表 5-4 链传动工作情况系数 K_A

载荷类型	原动机	
	电动机或汽轮机	内燃机
载荷平稳	1.0	1.2
中等冲击	1.3	1.4
较大冲击	1.5	1.7

表 5-5 小链轮齿数系数 K_z

z_1	9	11	13	15	17	19	21	23	25
K_z	0.446	0.554	0.664	0.775	0.887	1.00	1.11	1.23	1.34
z_1	27	29	31	33	35	37			
K_z	1.46	1.58	1.70	1.81	1.94	2.12			

表 5-6 传动比系数 K_i

i	1	2	3	4	$\geqslant 7$
K_i	0.82	0.925	1.00	1.09	1.15

表 5-7 中心距系数 K_a

a	$20p$	$40p$	$80p$	$160p$
K_a	0.87	1.00	1.18	1.45

表 5-8 多排链系数 K_{p_t}

排数	1	2	3	4	5	6
K_{p_t}	1.0	1.7	2.5	3.3	4.1	5.0

（2）低速链传动（$v \leqslant 0.6$ m/s）

当链速 $v \leqslant 0.6$ m/s 时，链传动的主要失效形式为链条的过载拉断，因此应进行静强度计算，校核其静强度安全系数 S，即：

$$S \leqslant \frac{F_Q m}{K_A F} \tag{5-6}$$

式中，S——安全系数，$S = 4 \sim 8$；

F_Q——单排链的极限拉伸载荷，见表 5 – 1；

m——链条排数；

F——链的工作拉力，$F = \dfrac{1\,000P}{v}$（其中 P 为名义功率，kW；v 为链速，m/s）。

2. 设计步骤

（1）确定链轮齿数 z_1、z_2

根据表 5 – 9 确定小链轮齿数，由 $z_2 = iz_1$ 确定大链轮齿数。

表 5 – 9　小链轮齿数 z_1

传动比	1 ~ 2	3 ~ 4	5 ~ 6	>6
齿数 z_1	27 ~ 31	25 ~ 33	17 ~ 21	17

（2）确定链节距

在一定条件下，链的节距越大，承受能力就越高，但由于传动速度的不均匀性，动载荷也要增大。因此，设计时应尽量选取较小的链节距，高速重载时可选用小节距的多排链。一般载荷大、中心距小、传动比大时，宜选用小节距多排链；低速、中心距大、传动比小时，宜采用较大节距的单排链。

链的节距可根据额定功率 P_0 和小链轮转速 n_1 由如图 5 – 11 所示额定功率曲线图选定，额定功率由式 5 – 5 确定。

（3）校核链速 v

为限制链传动的动载荷，链速一般要求 $v \leqslant 12 \sim 15$ m/s，推荐的链速为 $6 \sim 8$ m/s。

$$v = \frac{z_1 p n_1}{60 \times 1\,000} = \frac{z_2 p n_2}{60 \times 1\,000} \tag{5 – 7}$$

（4）确定中心距和链条节数

一般初选中心距 $a_0 = (30 \sim 50)\,p$，推荐取值 $a_0 = 40p$，若对安装空间有限制，则应根据具体要求选取。根据初选的中心距 a_0，可按下式计算链节数：

$$L_p = 2\frac{a_0}{p} + \frac{z_1 + z_2}{2} + \frac{p\,(z_2 - z_1)^2}{39.5 \times a_0} \tag{5 – 8}$$

计算所得的 L_p 应圆整为整数，为了避免使用过渡链节，链节数最好取偶数。

（5）确定链传动的实际中心距 a

选定链节数 L_p 后，可按下式计算实际中心距 a，即：

$$a = \frac{p}{4}\left[\left(L_p - \frac{z_1 + z_2}{2}\right) + \sqrt{\left(L_p - \frac{z_1 + z_2}{2}\right)^2 - 8\left(\frac{z_2 - z_1}{2\pi}\right)^2}\,\right] \tag{5 – 9}$$

为了便于安装链条和调节链的张紧程度，一般中心距应设计成可以调节的，如果中心距不能调节而又没有张紧装置，应将计算的中心距减小 2 ~ 5 mm，这样可以使链条有小的初垂度，以保持链传动的张紧。

（6）计算作用在链轮轴上的压力 F'

链条作用在链轮轴上的压力可近似取为：

$$F' = (1.2 \sim 1.3) \times \frac{1\ 000 p}{v} \qquad (5-10)$$

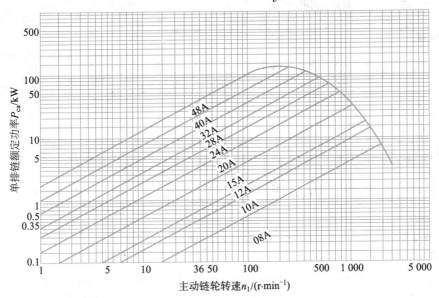

图 5 – 11　额定功率曲线图

计算与说明	结果
1. 选择链轮齿数 $$i = \frac{n_1}{n_2} = \frac{950}{250} = 3.8$$ 估计链速 $v = 3 \sim 8$ m/s，根据表 5 – 9 选取 $z_1 = 25$ 大链轮齿数 $z_2 = iz_1 = 3.8 \times 25 = 95$	$z_1 = 25$ $z_2 = 95$
2. 确定链节数 初定中心距 $a_0 = 40p$，由式（5 – 8）得链节数 L_p 为 $L_p = 2\dfrac{a_0}{p} + \dfrac{z_1+z_2}{2} + \dfrac{p\,(z_2-z_1)^2}{39.5 \times a_0} = \dfrac{2 \times 40p}{p} + \dfrac{25+95}{2} + \dfrac{p\,(95-25)^2}{39.5 \times 40p} = 143.1$	取 $L_p = 144$
3. 根据额定功率曲线确定链型号及节距 p 由表 5 – 4 查得 $K_A = 1$；由表 5 – 5 查得 $K_z = 1.35$；由表 5 – 6 查得 $K_i = 1.04$；由表 5 – 7 查得 $K_a = 1$；采用单排链由表 5 – 8 查得 $K_{p_t} = 1$ 由式（5 – 5）计算特定条件下链传动的功率 $$P_0 \geqslant \frac{K_A P}{K_z K_i K_a K_{p_t}} = \frac{1 \times 10}{1.35 \times 1.04 \times 1 \times 1} = 7.12 \ (\text{kW})$$	由图 5 – 11 选取链型号为 10A， 节距 $p = 15.875$ mm

续表

计算与说明	结果
4. 验算链速 $$v = \frac{z_1 p n_1}{60 \times 1\,000} = \frac{25 \times 15.875 \times 950}{60 \times 1\,000} = 6.28 \ (\text{m/s})$$	$v = 3 \sim 8$ m/s，与估计相符
5. 计算实际中心距 由式（5-9）得 $$a = \frac{p}{4}\left[\left(L_p - \frac{z_1 + z_2}{2}\right) + \sqrt{\left(L_p - \frac{z_1 + z_2}{2}\right)^2 - 8\left(\frac{z_2 - z_1}{2\pi}\right)^2}\right]$$ $$= \frac{15.875}{4} \times \left[\left(144 - \frac{25 + 95}{2}\right) + \sqrt{\left(144 - \frac{25 + 95}{2}\right)^2 - 8\left(\frac{95 - 25}{2\pi}\right)^2}\right]$$ $$= 643 \ (\text{mm})$$ 若设计成可调整中心距的形式，则不必精确计算中心距，可取 $a \approx$ $a_0 = 40p = 40 \times 15.875 = 635 \ (\text{mm})$	$a = 643$ mm
6. 确定润滑方式	由图 5-13 确定润滑方式 为油浴润滑
7. 计算对链轮轴的压力 F' 由式（5-10）得 $$F' = 1.25F = 1.25 \times \frac{1\,000p}{v} = 1.25 \times \frac{1\,000 \times 10}{6.28} = 1\,990 \ (\text{N})$$	$F' = 1\,990$ N
8. 链轮设计	略
9. 设计张紧、润滑等装置	略

步骤四　链传动的布置、张紧和润滑

? 想一想：

1. 链传动的合理布置有哪些要求？
2. 使用张紧轮对链传动进行张紧时，张紧轮如何安放？
3. 如何选择链传动的润滑方式？

相关知识

一、链传动的布置

链传动的布置是否合理，对传动的质量和使用寿命有较大的影响。合理的布置方案是：

链传动的两轴应平行，两链轮应处于同一平面；一般宜采用水平或接近水平布置，并使松边在下；如果两链轮不能水平布置，其中心连线与水平面的夹角应小于45°；尽量避免垂直布置，若采用垂直布置时，可采用中心距可调、设张紧轮、上下两轮轴心错开一定偏心距等措施，使两轮轴线不在同一铅垂面上。不同条件下链传动的布置简图见表5－10。

表5－10　链传动布置

传动参数	正确布置	不正确布置	说明
$i > 2$ $a < (30 \sim 50) p$	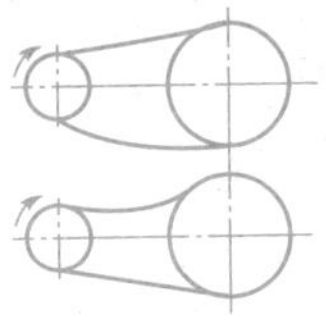		两轴线在同一水平面，紧边在上或在下都可以，但在上较好
$i > 2$ $a < 30p$	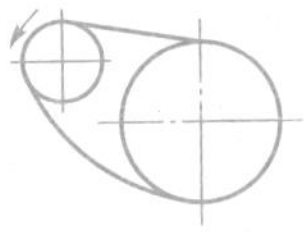	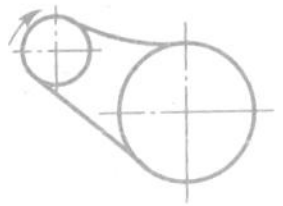	两轮轴线不在同一水平面，松边应在下面，否则松边下垂量增大，链条易与链轮卡死
$i < 2$ $a > 60p$	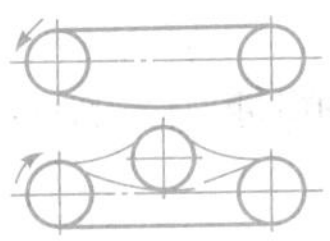		两轮轴线在同一水平面，松边应在下面，否则垂量增大，松边与紧边相碰，需经常调整中心距
i、a 为任意值	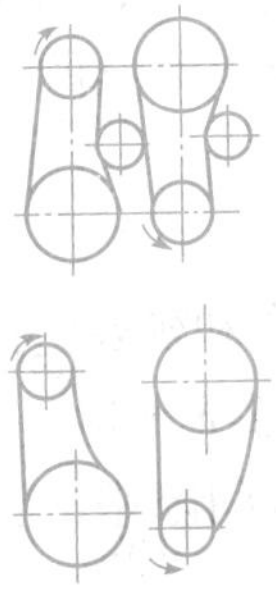	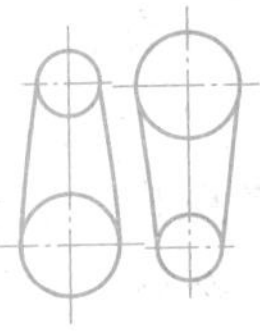	两轮轴线在同一铅垂面内，下垂量增大，会减少下链轮的有效啮合齿数，降低传动能力，应采用： ① 中心距可调； ② 设张紧轮； ③ 上下两轮偏置，使两轮轴线不在同一铅垂面内

二、链传动的张紧

链条张紧的目的，主要是为了避免链的悬垂度太大，啮合时链条产生横向振动，同时也是为了增加啮合包角。常用的张紧方法如下。

① 用调整中心距张紧；

② 用张紧装置张紧。

中心距不可调时使用张紧轮，张紧轮一般压在松边靠近小轮处。张紧轮可以是链轮，也可以是无齿的辊轮。张紧轮的直径应与小链轮的直径相近。辊轮的直径略小，宽度应比链约宽 5 mm，并常用夹布胶木制造。张紧轮张紧装置有自动张紧式和定期张紧式两种。前者多用弹簧、吊重等自动张紧装置；后者用螺栓、偏心等调整装置。另外，还有用托板、压板张紧，如图 5-12 所示。

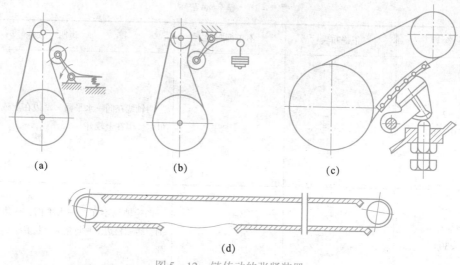

图 5-12　链传动的张紧装置

三、链传动的使用和维护

正确使用和维护链传动对减少链的磨损，提高链传动的使用寿命有决定性的影响。使用和维护应注意以下几点。

1. 合理控制加工误差和装配误差

合理控制节距误差（规定节距与实际节距之差）应小于 2%；两链轮轮齿端面间的偏移（即链轮偏移）应小于中心距的 2%；两轴应平行，否则会导致链的滚子对齿面的歪斜，由此产生很高的单边压力，导致滚子过载或碎裂。

2. 合理的润滑

良好的润滑有利于减小磨损，降低摩擦损失，缓和冲击和延长链的使用寿命。对于开式传动和不易润滑的链传动，可定期拆下链条，先用煤油清洗干净，干燥后再浸入 70℃～80℃ 的润滑油中片刻（销轴垂直放入油中），尽量排尽铰链间隙中的空气，待吸满油后，取出冷却，擦去表面润滑油后，安装继续使用。

链传动的润滑方法可根据图 5-13 选取。通常有 4 种润滑方式。

① 人工定期润滑，人工定期用油壶或油刷给油；

② 滴油润滑，用油杯通过油管向松边内外链板间隙处滴油；

③ 油浴润滑或飞溅润滑，采用密封的传动箱体，前者链条及链轮一部分浸入油中，后者采用直径较大的甩油盘溅油；

④ 压力喷油润滑，用油泵经油管向链条连续供油，循环油可起润滑和冷却的作用。

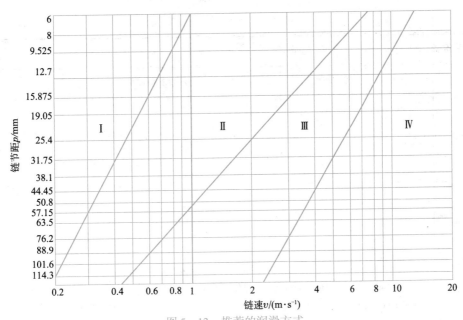

图5-13 推荐的润滑方式

Ⅰ—人工定期润滑；Ⅱ—滴油润滑；Ⅲ—油浴或飞溅润滑；Ⅳ—压力喷油润滑

通过以上"相关知识"的学习，想一想链传动的合理布置有哪些要求？链传动常用的张紧方法有哪些？如何选择链传动的润滑方式？

1. 链传动的合理布置有哪些要求？	
2. 链传动常用的张紧方法有哪些？	
3. 如何选择链传动的润滑方式？	

任务拓展训练（学习工作单）

任务名称		链传动设计	日期		
组长		班级		小组其他成员	
实施地点					
实施条件					
任务描述	设计拖动某带式输送机用的链传动。已知：电动机功率 $P = 10$ kW，转速 $n = 970$ r/min，电动机轴颈 $D = 42$ mm，传动比 $i = 3$，载荷平稳，链传动中心距不小于 550 mm（水平布置）				
任务分析					
任务实施步骤					
评价					

评价细则	专业能力	基础知识掌握	素质能力	正确查阅相关资料
		实际工况分析		严谨的工作态度
		设计步骤完整		语言表达能力
		设计结果合理		小组配合默契，团结协作
		成绩		

巩固练习

一、思考题

1. 链传动的主要失效形式有哪几种？设计准则是什么？

2. 链传动的额定功率曲线是在什么条件下得到的？在实际使用中要进行哪些项目的修正？

3. 为什么链节距 p 是决定链传动承载能力的重要参数？根据什么条件来确定它的大小？

4. 低速链传动（$v < 0.6$ m/s）的主要失效形式及设计准则是什么？

5. 选择链轮齿数时要考虑哪些问题？小链轮齿数如何选择？大链轮齿数为什么要有限制？

6. 如何确定链传动的润滑方式？常用的润滑装置和润滑油有哪些？

二、选择题

1. 多排链的排数不宜过多，其原因是（　　）。

A. 给安装带来困难

B. 各排链受力不均

C. 链传动的轴向尺寸过大

D. 链的质量过大

2. 传动链作用在轴和轴承上的载荷比带传动要小，这主要是因为（　　）。

A. 链传动只用来传动较小功率

B. 链速较高，在传动相同功率时，圆周力小

C. 链传动是啮合传动，无须大的张紧力

D. 链的质量大，离心力大

3. 与齿轮传动相比，链传动的优点是（　　）。

A. 传动功率大

B. 工作平稳，无噪声

C. 承载能力大

D. 能传递的中心距较大

三、分析设计题

1. 滚子链传动的链条节距 $p = 15.875$，小链轮齿数 $z_1 = 17$，安装链轮的轴颈 $d_0 = 35$mm，轮毂宽度 $B = 42$mm，试计算小链轮的主要几何尺寸。

2. 链传动布置如图 5-14 所示，小链轮为主动轮，试在图上标出其正确的转动方向。

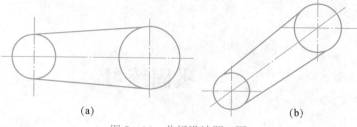

(a)　　　　　　　　　　　　(b)

图 5 – 14　分析设计题 2 图

任务 6 齿轮传动

 任务目标 》

【知识目标】

◇ 了解齿轮传动的类型和特点；
◇ 掌握渐开线的性质及啮合特性；
◇ 掌握标准直齿圆柱齿轮的基本参数及几何尺寸的计算；
◇ 了解齿轮的加工方法、根切现象；
◇ 掌握齿轮常见的失效形式与设计准则；
◇ 掌握齿轮传动的设计计算步骤；
◇ 掌握斜齿轮的基本参数和几何尺寸计算；
◇ 掌握直齿锥齿轮传动的几何尺寸计算。

【能力目标】

◇ 能够进行渐开线直齿圆柱齿轮传动的强度计算；
◇ 能够完成渐开线直齿圆柱齿轮传动的设计；
◇ 能够进行斜齿圆柱齿轮传动的受力分析；
◇ 能够进行直齿锥齿轮传动的受力分析。

【职业目标】

◇ 分析问题、解决问题的能力；
◇ 严谨的工作态度。

任务描述

设计某带式输送机（见图 6-1）中用单级直齿圆柱齿轮减速器的齿轮传动，如图 6-2 所示，已知传递的功率为 10 kW，小齿轮转速 $n_1 = 980$ r/min，传动比 $i = 4$，载荷平稳，使用寿命 5 年，两班制工作。

图 6-1 带式输送机

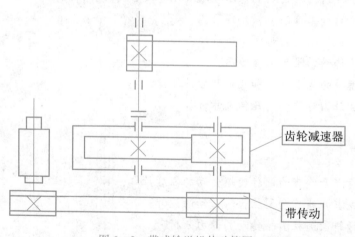

图 6-2 带式输送机传动简图

❓ 想一想：

齿轮传动的设计分为哪几个步骤？

任务分析

齿轮传动是一种重要的机械传动方式，尤其在各种机械设备的减速器中，其不仅实现了变速与变向的功能，还使机械传动达到了很高的精度等级。本任务中，关于带式输送机中齿轮传动的设计，设计内容包括齿轮的材料选择、基本参数、几何尺寸的确定、受力分析、齿轮的结构设计等内容。要完成本任务,需完成下面几个步骤的学习。

学习任务分解
步骤一 齿轮传动的类型和特点
步骤二 渐开线齿廓及啮合特性
步骤三 渐开线标准直齿圆柱齿轮的基本参数及几何尺寸
步骤四 渐开线标准直齿圆柱齿轮的啮合传动分析
步骤五 渐开线直齿圆柱齿轮的加工
步骤六 齿轮传动的失效形式和设计准则
步骤七 直齿圆柱齿轮的强度计算
步骤八 带式输送机用齿轮传动的设计

任务实施

步骤一 齿轮传动的类型和特点

? 想一想:

阅读如下"相关知识",想一想齿轮传动的常见类型有哪些,与其他传动方式相比较,有哪些优势?带式输送机中,根据工作条件要求,选择哪种类型的齿轮传动比较合理?

相关知识

齿轮传动是机械传动中应用最广泛的一种传动,它是利用一对齿轮的轮齿齿形的啮合,实现机器中两轴之间的传动,即转速(速度)、转矩(力)和运动方式的传递。如图 6-3 所示,这种传动方式在生产、生活中到处可见,如钟表、机床、汽车等的传动系统。

(a)   (b)   (c)

图 6 – 3 齿轮传动的应用

（a）钟表；（b）齿轮齿条；（c）铣床主轴箱

一、齿轮传动的类型

1. 按传动比分

按照一对齿轮传动的传动比是否恒定，可将齿轮传动分为：

① 定传动比齿轮传动（圆形齿轮传动）；

② 变角速比齿轮传动（非圆齿轮传动），当主动轮做匀角速度转动时，从动轮按一定角速度比做变速运动。

2. 按轴的相对位置分

按照一对齿轮传动时两轴的相对位置，可将齿轮传动分为：

① 两平行轴齿轮传动（直齿、斜齿、人字齿），见表 6 – 1；

② 两轴相交的齿轮传动（锥齿轮），见表 6 – 1；

③ 两轴交错齿轮传动（蜗杆传动），见表 6 – 1。

表 6 – 1 齿轮传动的类型

种类		举 例	
平行轴齿轮传动	直齿	外啮合　　　　　　内啮合 齿轮齿条啮合	

续表

种类	举	例
平行轴齿轮传动	斜齿	
	人字齿	
两轴相交的齿轮传动	锥齿轮	
两轴交错齿轮传动	蜗杆传动	

3. 按齿廓曲线分

按齿廓曲线形式，可分为渐开线齿轮传动、摆线齿轮传动和圆弧齿轮传动，渐开线齿轮传动应用最为广泛。

4. 按工作条件分

按齿轮传动的工作条件，可将齿轮传动分为：

① 开式齿轮传动。齿轮完全外露，易落入灰沙或杂物，不能保证良好的润滑，轮齿易磨损，多用于低速、不重要的场合。

② 半开式齿轮传动。装有简单的防护罩，有时将大齿轮部分浸入润滑油池中，比开式传动润滑好，但仍不能严密防止灰沙及杂物的侵入，多用于农业机械、建筑机械及简单机械设备中。

③ 闭式齿轮传动。齿轮和轴承完全封闭在箱体内，能保证良好的润滑和较好的啮合精度，应用广泛，多用于汽车、机床等的齿轮传动中。

5．按齿面硬度分

按齿面硬度分为软齿面（硬度≤350HBW）齿轮传动和硬齿面（硬度＞350HBW）齿轮传动。

二、齿轮传动的特点

齿轮传动是现代机械中应用最为广泛的一种传动形式，它可以用来传递空间任意两轴之间的运动和动力，改变传动的速度和传动的形式，其圆周速度可达到 300 m/s，传递功率可达 10^5 kW，齿轮直径可达 150 mm。与其他传动相比，齿轮传动具有以下特点：

① 传动比恒定，传动平稳，工作时产生的冲击、振动和噪声很小；
② 适用的圆周速度和功率范围广；
③ 传动效率高、机械效率一般为 0.95～0.99；
④ 寿命较长，可以用十几年，甚至几十年；
⑤ 制造、安装精度要求较高，因而成本也较高；
⑥ 不适用于距离较远的传动。

多了解一点

传动形式	主要优点	主要缺点
带传动	中心距变化范围大，可用于较远距离的传动，传动平稳，噪声小，能缓冲吸振，有过载保护作用，结构简单，成本低，安装要求不高	工作中有弹性滑动现象，传动比不能保持恒定，外廓尺寸大，带的寿命较短（通常为 3 500～5 000 h），由于带的摩擦起电不宜用于易燃、易爆的场合，轴和轴承上作用力大
链传动	中心距变化范围大，可用于较远距离的传动，在高温、油、酸等恶劣条件下能可靠工作，轴和轴承上的作用力小	虽然平均速比恒定，但运转时瞬时速度不均匀，有冲击、振动和噪声，寿命较低（一般为 5 000～15 000 h）

做一做

通过以上"相关知识"的学习，想一想在带式输送机中，根据工作条件要求，选择哪种类型的齿轮传动比较合理？齿轮传动的常见类型有哪些？与其他传动方式相比较，齿轮传动有哪些优势？

带式输送机齿轮传动的类型选择	与带传动、链传动方式比较齿轮传动的优势

步骤二　渐开线齿廓及啮合特性

❓ **想一想：**

阅读如下"相关知识"，想一想：渐开线齿轮的形成过程、渐开线所具有的特点以及渐开线齿廓的啮合特点。

相关知识

一、渐开线的形成

如图 6-4 所示，以 r_b 为半径画一个圆，这个圆称为基圆。当一直线 NK 沿基圆圆周做纯滚动时，该直线上任一点 K 的轨迹就称为该基圆的渐开线，直线 NK 称为发生线。渐开线齿轮上每个轮齿的齿廓由同一个基圆上产生的两条反向渐开线组成。

二、渐开线的性质

由渐开线的形成，可知渐开线具有以下性质：
① 发生线沿基圆滚过的线段长度等于基圆上被滚过的相应弧长。
② 发生线 $\overline{NK}$ 是渐开线 K 点的法线，而发生线始终与基圆相切，所以渐开线上任意一点的法线必与基圆相切。

③ 切点 N 是渐开线上 K 点的曲率中心，$\overline{NK}$ 是渐开线上 K 点的曲率半径。渐开线上任何一点的曲率半径不相等，越接近基圆，曲率半径越小。

④ 渐开线的形状取决于基圆半径的大小，如图 6-5 所示，如果基圆越大那么渐开线就越平直，当基圆的半径无穷大时，那么渐开线就是直线了。

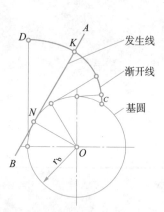

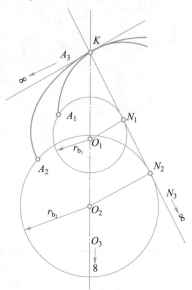

图 6-4　渐开线的形成　　　　　　　图 6-5　基圆大小与渐开线形状的关系

⑤ 渐开线是从基圆开始向外逐渐展开的，故基圆以内无渐开线。

三、渐开线齿廓的啮合特点

1. 能满足定传动比的要求

如图 6-6 所示，两渐开线齿轮的基圆分别为 r_{b_1}、r_{b_2}，过两轮齿齿廓啮合点 K 作两齿廓的公法线 N_1N_2，根据渐开线的性质，该公法线必与两基圆相切，即为两基圆的内公切线。又因两轮的基圆为定圆，在同一方向的内公切线只有一条。所以无论两齿廓在任何位置，过接触点所作两齿廓的公法线为一条固定直线，它与两圆心连线 O_1O_2 的交点 C 必是一定点。因此渐开线齿廓满足定传动比要求。

由图 6-6 知，两齿轮的传动比为：

$$i_{12} = \frac{\omega_1}{\omega_2} = \frac{O_2C}{O_1C} = \frac{r_{b_2}}{r_{b_1}} \tag{6-1}$$

式（6-1）表明两齿轮的传动比为一定值，并与两轮的基圆半径成反比。公法线与两圆心线 O_1O_2 的交点 C 称为节点，以 O_1、O_2 为圆心，O_1C、O_2C 为半径作圆，这对圆称为齿轮的节圆，其半径用 r'_1、r'_2 表示。由图可知，两齿轮的传动比也等于其基圆半径的反比。

2. 啮合线为一定直线

既然一对渐开线齿廓在任何位置啮合时，接触点的公法线都是一条直线 N_1N_2，这说明所有啮合点均在 N_1N_2 直线上，因此 N_1N_2 又是齿轮传动的啮合线。

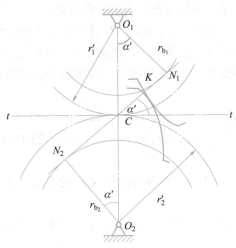

图 6 – 6 渐开线齿廓满足定传动比

通过以上"相关知识"的学习，思考渐开线齿轮的形成过程、渐开线具有哪些特性以及渐开线齿廓的啮合特点。

绘制渐开线的形成过程	渐开线的性质	渐开线的啮合特点

步骤三　渐开线标准直齿圆柱齿轮的基本参数及几何尺寸

? 想一想：

阅读如下"相关知识"，想一想：直齿圆柱齿轮的基本参数有哪些？这些参数对齿轮传动的设计有什么作用？齿轮传动设计中，涉及的几何尺寸有哪些？

📚 相关知识

一、直齿圆柱齿轮各部分的名称

图 6 – 7 所示为直齿圆柱齿轮的一部分，其中图 6 – 7（a）为外齿轮，图 6 – 7（b）为

内齿轮，图6-7（c）为齿条。齿轮各部分名称和符号如下。

① 齿顶圆。齿顶所确定的圆称为齿顶圆，其直径用 d_a 表示，半径用 r_a 表示。

② 齿根圆。过齿槽底部所确定的圆称为齿根圆，其直径用 d_f 表示，半径用 r_f 表示。

③ 齿槽宽。相邻两齿之间的空间称为齿槽，齿槽两侧齿廓之间的弧线长称为该圆上的齿槽宽，用 e 表示。

④ 齿厚。在圆柱齿轮的端面上，轮齿两侧齿廓之间的弧长称为该圆的齿厚，用 s 表示。

⑤ 齿距。在圆柱齿轮的端面上，相邻的两齿同侧齿廓之间的弧长称为该圆的齿距，用 p 表示。

⑥ 齿顶高。在齿轮上，介于齿顶圆和分度圆之间的部分称为齿顶，其径向高度称为齿顶高，用 h_a 表示。

⑦ 齿根高。介于齿根圆和分度圆之间的部分称为齿根，其径向高度称为齿根高，用 h_f 表示。

⑧ 全齿高。齿顶圆与齿根圆之间轮齿的径向高度称为全齿高，用 h 表示。

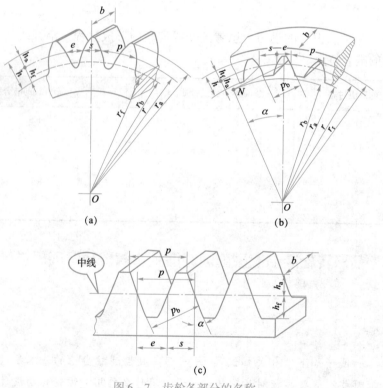

图6-7 齿轮各部分的名称
(a) 外齿轮；(b) 内齿轮；(c) 齿条

⑨ 分度圆。标准齿轮上齿厚和齿槽宽相等的圆称为分度圆，用直径 d 表示。

⑩ 齿宽。齿轮的轴向宽度，用 b 表示。

二、直齿圆柱齿轮的主要参数

1. 齿数

在齿轮圆周上轮齿的数目称为齿数，用 z 表示。

2. 模数

分度圆直径 d 与齿距 p、齿数 z 有如下关系：

$$\pi d = pz \tag{6-2}$$

$$d = \frac{p}{\pi} z \tag{6-3}$$

在式（6-3）中，π 是一个无理数，这对齿轮的设计计算和测量都不方便，所以工程上把齿距 p 与 π 的比值取成有理数，并作为齿轮几何尺寸计算的一个基本参数，这个比值称为模数，用字母 m 表示，单位为 mm，即：

$$m = \frac{p}{\pi} \tag{6-4}$$

模数直接影响齿轮的大小、齿形和承载能力。对于相同齿数的齿轮，模数越大，齿轮的几何尺寸越大，轮齿越大，其承载能力也越大，如图 6-8 所示。齿轮的模数已经标准化，国标规定的模数系列见表 6-2。

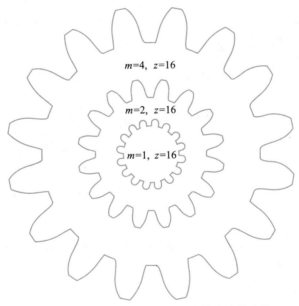

图 6-8　齿数相同，不同模数齿轮大小的比较

表 6-2　标准模数系列（GB/T 1357—2008）　　　　　　　　　　mm

第一系列	1，1.25，1.5，2，2.5，3，4，5，6，8，10，12，16，20，25，32，40，50
第二系列	1.75，2.25，2.75（3.25），3.5，（3.75），4.5，5.5，（6.5），7，9，（11），14，18，22，28，36，45

注：① 本表适用于渐开线齿轮，对于斜齿圆柱齿轮是指法向模数，对于直齿圆锥齿轮是指大端模数；
　　② 优先采用第一系列，括号内的模数尽量不采用。

3. 压力角 α

如图 6-9 所示，过齿轮端面齿廓上任意点 K 处的径向直线与齿廓在该点处的切线所夹的锐角，称为该点 K 的压力角。渐开线上各点的压力角是不同的，通常所说的压力角指分度圆上的压力角，用 α 表示。国家标准规定齿轮分度圆上的压力角为标准值 $\alpha = 20°$。压力角与分度圆半径及基圆半径的关系如下：

$$\alpha = \arccos \frac{r_b}{r} \tag{6-5}$$

式中，r——分度圆半径；

r_b——基圆半径。

4. 齿顶高系数和顶隙系数

为了用模数的倍数来表示齿顶高的大小，引入齿顶高系数 h_a^*，则齿顶高 $h_a = h_a^* m$。

一对齿轮互相啮合时，一个齿轮的齿顶与另一个齿轮的齿槽底部之间必须留有间隙，以保证传动过程中不发生干涉，同时也为贮存润滑油润滑工作齿面。一个齿轮的齿根圆柱面与配对齿轮的齿顶圆柱面之间在连心线上度量的距离，称为顶隙，如图6-10所示，用 c 表示，$c = c^* m$，其中 c^* 为顶隙系数。

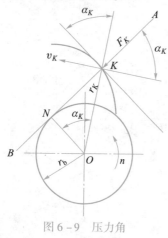

图6-9　压力角

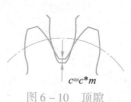

图6-10　顶隙

对于圆柱齿轮，齿顶高系数和顶隙系数的标准值按照正常齿制和短齿制规定如下：

正常齿制：$h_a^* = 1.0$，$c^* = 0.25$；

短齿制：$h_a^* = 0.8$，$c^* = 0.3$。

三、标准直齿圆柱齿轮的基本几何尺寸

标准直齿圆柱齿轮几何尺寸计算公式见表6-3。

表6-3　标准直齿圆柱齿轮传动的几何尺寸计算公式

名称	代号	计算公式
齿形角	α	标准齿轮为20°
齿数	z	根据工作要求确定
模数	m	根据齿轮的承载能力，按表6-2取标准值

续表

名称	代号	计算公式
齿厚	s	$s = p/2 = \pi m/2$
齿槽宽	e	$e = p/2 = \pi m/2$
齿距	p	$p = \pi m$
基圆齿距	p_b	$p_b = p\cos\alpha = \pi m\cos\alpha$
齿顶高	h_a	$h_a = h_a^* m = m$
齿根高	h_f	$h_f = (h_a^* + c^*) m = 1.25m$
齿高	h	$h = h_a + h_f = (2h_a^* + c^*) m = 2.25m$
分度圆直径	d	$d = mz$
齿顶圆直径	d_a	$d_a = d + 2h_a = m (z + 2)$
齿根圆直径	d_f	$d_f = d - 2h_f = m (z - 2.5)$
基圆直径	d_b	$d_b = d\cos\alpha = mz\cos\alpha$
标准中心距	a	$a = (d_1 + d_2) /2 = m (z_1 + z_2) /2$

小提示

若一齿轮的模数 m、分度圆压力角 α、齿顶高系数 h_a^*、顶隙系数 c^* 均为标准值，且分度圆上齿厚 s 与齿槽宽 e 相等，则称为标准齿轮。因此，对于标准齿轮有 $s = e = \dfrac{p}{2} = \dfrac{\pi m}{2}$

【**例1**】：已知某机床的传动系统须更换一残损的标准直齿圆柱齿轮，实测其齿数 $z = 30$，齿根圆直径 $d_f = 192.5$ mm，该齿轮为正常齿制，求该齿轮的模数及主要尺寸。

解：由已知条件可知，$\alpha = 20°$，$h_a^* = 1$，$c^* = 0.25$

齿轮的模数由 $d_f = d - 2h_f = m (z - 2.5)$ 得：

$$m = \frac{d_f}{z - 2.5} = \frac{192.5}{30 - 2.5} = 7 \ (\text{mm})$$

齿轮的主要尺寸：

$$d = mz = 7 \times 30 = 210 \ (\text{mm})$$

$$d_b = mz\cos\alpha = 7 \times 30 \times \cos 20° = 197.335 \text{ （mm）}$$

$$d_a = m(z+2) = 7 \times (30+2) = 224 \text{ （mm）}$$

$$p = \pi m = 3.14 \times 7 = 21.98 \text{ （mm）}$$

$$s = e = \frac{\pi m}{2} = \frac{3.14 \times 7}{2} = 10.99 \text{ （mm）}$$

通过以上"相关知识"的学习，想一想直齿圆柱齿轮的基本参数有哪些？这些参数对齿轮传动的设计有什么作用？齿轮传动设计中，涉及的几何尺寸有哪些？

1. 齿轮的基本参数	
2. 齿轮的几何尺寸	

步骤四 渐开线标准直齿圆柱齿轮的啮合传动分析

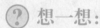想一想：

阅读如下"相关知识"，想一想：在齿轮传动中，哪些参数影响了一对轮齿的正确啮合？要想实现连续传动，对齿轮的啮合线和齿距有哪些要求？

相关知识

一、渐开线直齿圆柱齿轮的正确啮合条件

齿轮传动时，当它前一对轮齿脱离啮合（或尚未脱离啮合）时，后一对轮齿应进入啮合（或刚好进入啮合），而且这对齿轮两齿廓啮合点都应在啮合线 N_1N_2 上，如图 6-11 所示，设 K_1、K_2 为相邻两齿啮合时的接触点，要使两齿轮正确啮合，必须使两齿轮相邻同侧齿廓间的法线距离都等于 $\overline{K_1K_2}$，即齿轮的法线齿距（沿法线方向的齿距称为法线齿距）应相等。

由渐开线的性质可知，法线齿距 $\overline{K_1K_2}$ 等于两齿轮基圆上的齿距 p_{b_1} 和 p_{b_2}，因此要使两轮正确啮合，必须满足 $p_{b_1} = p_{b_2}$，而 $p_b = \pi m\cos\alpha$，故可得：

$$\pi m_1 \cos\alpha_1 = \pi m_2 \cos\alpha_2$$

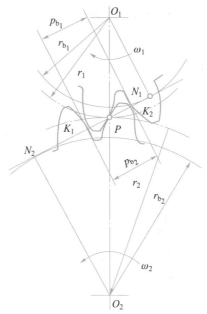

图 6 - 11　渐开线齿轮正确啮合的条件

因此　　　　　　　　　　　　$m_1\cos\alpha_1 = m_2\cos\alpha_2$

由于模数和压力角已经标准化，为满足上式，应使：

$$\left.\begin{aligned} m_1 = m_2 = m \\ \alpha_1 = \alpha_2 = \alpha \end{aligned}\right\} \qquad (6-6)$$

因此，渐开线直齿圆柱齿轮的正确啮合条件是：两齿轮的模数和压力角必须分别相等。

二、渐开线直齿圆柱齿轮连续传动的条件

图 6 - 12 所示为一对相互啮合的齿轮，设齿轮 1 为主动轮，齿轮 2 为从动轮。齿廓的啮合是由主动轮 1 的齿根部推动从动轮 2 的齿顶开始，因此，从动轮齿顶圆与啮合线的交点 K_2 即为一对齿廓进入啮合的开始，随着齿轮 1 推动齿轮 2 转动，两齿廓的啮合点沿着啮合线移动。当啮合点移动到齿轮 1 的齿顶圆与啮合线的交点 K_1 时，这对齿廓终止啮合，两齿廓即将分离，故啮合线 N_1N_2 上的线段 K_1K_2 为齿廓啮合点的实际轨迹，称为实际啮合线，而线段 N_1N_2 称为理论啮合线。

当一对轮齿在 K_2 点开始啮合时，前一对轮齿仍在 K 点啮合，则传动就能连续进行。由图 6 - 12 可见，这时实际啮合线 K_1K_2 的长度大于齿轮的法线齿距。如果前一对齿轮已于 K_1 点脱离啮合，而后一对轮齿仍未进入啮合，则这时传动发生中断，将引起冲击。所以，保证连续传动的条件是实际啮合线的长度大于或至少等于齿轮的法线齿距。

通常将实际啮合线长度与基圆齿距之比称为齿轮的重合度，用 ε 表示，即：

$$\varepsilon = \frac{K_1K_2}{p_b} \geq 1 \qquad (6-7)$$

理论上当 $\varepsilon = 1$ 时，就能保证一对齿轮连续传动，但考虑齿轮的制造、安装误差和啮合传动中轮齿的变形，实际上应使 $\varepsilon \geq [\varepsilon]$，$[\varepsilon]$ 的推荐值见表 6 - 4。

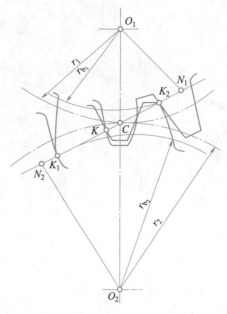

图 6-12　渐开线齿轮连续传动的条件

表 6-4　$[\varepsilon]$ 的推荐值

使用场合	一般机械制造业	汽车、拖拉机	金属切削机床
$[\varepsilon]$	1.4	1.1~1.2	1.3

标准安装：正确安装的齿轮机构在理论上应达到无齿侧间隙（侧隙），否则齿轮啮合过程中就会产生冲击和噪声，当分度圆和节圆重合时，便可满足无侧隙啮合条件，这种分度圆和节圆重合的安装方式称为标准安装。

标准安装时的中心距称为标准中心距，以 a 表示，对于外啮合传动标准齿轮安装，其标准中心距为：

$$a = \frac{1}{2}\left(d_1 + d_2\right) = \frac{m}{2}\left(z_1 + z_2\right)$$

做一做

在齿轮传动中，哪些参数影响了一对轮齿的正确啮合？要想实现连续传动，对齿轮的啮合线和齿距有哪些要求？

齿轮正确啮合的条件	齿轮连续传动的条件

步骤五　渐开线直齿圆柱齿轮的加工

? 想一想:

阅读如下"相关知识",想一想:齿轮传动的加工方法有哪些? 什么是根切现象?

相关知识

齿轮齿廓的加工方法有很多,如铸造、模锻、冷轧、热轧和切削加工等,最常用的是切削加工。齿轮切削加工的方法又可分为仿形法和展成法(范成法)两种。

一、仿形法

仿形法是利用与齿轮齿槽形状相同的圆盘铣刀或指状铣刀,在铣床上进行加工的加工方法,如图 6-13 所示。加工时铣刀绕本身的轴线旋转,同时轮坯转过 $2\pi/z$,再铣第 2 个齿槽。这种加工方法较简单,不需要专用机床,但精度差,而且是逐个齿切削,切削不连续,所以生产率低,适用于单件生产或精度要求不高的齿轮加工。

当齿轮的齿数或模数改变时,齿轮的基圆随着改变,由于渐开线齿廓形状取决于基圆的大小,渐开线的形状也就发生变化,因此,要铣出正确的齿形,就要求同一模数下,对应每一种齿数应有一把铣刀。这样,就会造成铣刀数量太多,提高成本。生产中,通常用同一型号的铣刀切制同模数、不同齿数的齿轮,所以齿形通常是近似的。同一模数的铣刀通常有 8 把,每把铣刀可铣一定齿数范围的齿轮,具体规定见表 6-5。

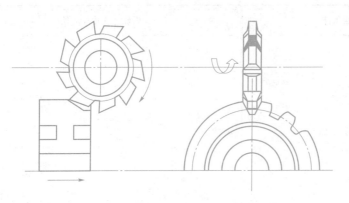

图 6-13 仿形法加工齿轮

表 6-5 各号铣刀切制齿轮齿数的范围

铣刀号数	1	2	3	4	5	6	7	8
所切齿轮齿数	12～13	14～16	17～20	21～25	25～34	35～54	55～134	>134

二、展成法（范成法）

展成法是利用一对齿轮无侧隙啮合时两轮的齿廓互为包络线的原理加工齿轮的。加工时刀具与齿坯的运动就像一对互相啮合的齿轮，最后刀具将齿坯切出渐开线齿廓。展成法的种类有很多，有插齿、滚齿、剃齿、磨齿等，其中最常用的是插齿和滚齿，剃齿和磨齿用于传动精度要求较高的场合。各种方法的加工特点见表 6-6。

表 6-6 展成法加工齿轮

加工特点	加工示意图	刀具
插齿：如图所示，齿轮插刀的形状和齿轮相似，其模数和压力角与被加工齿轮相同。加工时，插齿刀沿轮坯轴线方向做上下往复的切削运动，同时，机床的传动系统严格保证插齿刀与轮坯之间的范成运动	插齿（直齿） 插齿（斜齿）	

续表

加工特点	加工示意图	刀具
滚齿：滚齿加工方法基于齿轮与齿条相啮合的原理。如图所示，加工时，滚刀和轮坯分别绕各自轴线转动，这就是展成运动，为了使滚刀不断地切削轮坯，滚刀的轴线应沿轮坯轴线以速度 v 做平移进给运动	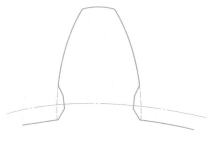 滚齿（直齿）	

用展成法加工齿轮时，只要刀具与被切齿轮的模数和压力角相同，不论被加工齿轮的齿数是多少，都可以用同一把刀具来加工，这给生产带来了很大的方便，因此展成法得到了广泛的应用。

三、轮齿的根切现象

用展成法加工齿轮时，有时会出现刀具的顶部切入齿根，将齿根部分渐开线齿廓切去的现象，称为根切，如图 6 – 14 所示。产生严重根切的齿轮削弱了轮齿的抗弯强度，导致传动的不平稳，对传动十分不利，因此，应尽量避免根切现象的产生。

图 6 – 14 轮齿的根切现象

对于标准齿轮，是用限制最少齿数的方法来避免根切的。用滚刀加工压力角为20°的标准直齿圆柱齿轮时，根据计算，可得出不发生根切的最少齿数 $z_{min}=17$。在某些情况下，为了尽量减少齿数以获得比较紧凑的结构，在满足轮齿抗弯强度条件下，允许齿根部有轻微根切，$z_{min}=14$。

 做一做

通过以上"相关知识"的学习，选择齿轮的加工方法：

单件生产、对齿轮加工精度要求不高	批量生产、对齿轮精度有一定要求	精度和表面粗糙度要求较高的场合

步骤六　齿轮传动的失效形式和设计准则

？想一想：

阅读如下"相关知识"，讨论齿轮传动常见的失效形式有哪些？为减轻和防止这些失效可以采取哪些措施？

相关知识

一、齿轮传动的失效形式

齿轮传动是靠轮齿的啮合传动来传递运动和动力的，轮齿失效是齿轮常见的主要失效形式。由于齿轮传动装置有开式、闭式，齿面有软齿面、硬齿面，齿轮转速有高有低，载荷有轻重之分，所以设计应用中会出现各种不同的失效形式。齿轮传动的主要失效形式有齿面点蚀、齿面磨损、齿面胶合、塑性变形、轮齿折断等几种形式。

1. 齿面点蚀

轮齿受力后，齿面接触处将产生循环变化的接触应力，在接触应力反复作用下，轮齿表层或次表层出现不规则的细线状疲劳裂纹，疲劳裂纹不断扩展，使齿面金属脱落而形成麻点状凹坑，称为齿面疲劳点蚀，简称点蚀，如图 6 – 15 所示。

齿面点蚀一般多出现在节线附近的齿根表面上，然后再向其他部位扩展，这是因为在节线处同时啮合齿对数少，接触应力大，且在节点处齿廓相对滑动速度小，油膜不易形成，摩擦力大。它可分为早期点蚀和破坏性点蚀。

硬齿面齿轮（硬度 >350HBS），其齿面接触疲劳强度高，一般不易出现点蚀，但由于齿面硬、脆，一旦出现点蚀，它会不断扩大，形成破坏性点蚀；开式齿轮传动中，齿面的点蚀还来不及出现或扩展就被磨去，因此一般不会出现点蚀。

【防止措施】提高齿面硬度和润滑油的黏度，降低表面粗糙度，合理选取变位系数，可减缓或防止点蚀产生。

> **小提示**
>
> 　　早期点蚀：对于软齿面齿轮（硬度≤350HBS），齿轮工作初期，相啮合的齿面接触不良造成局部应力过高会出现麻点。经过一段时间后，接触应力趋于均匀，麻点不再扩展，甚至消失，这种点蚀称为早期点蚀。
>
> 　　破坏性点蚀：如果点蚀面积不断扩展，麻点数量不断增多，点蚀坑大而深，就会发展成破坏性点蚀。这种点蚀一旦发生，会产生强烈的振动和噪声，最终导致齿轮失效。

2. 齿面磨损

齿面磨损通常有两种情况：一种是由于灰尘、金属微粒等进入齿面间引起的磨损；另一种是由于齿面间相对滑动摩擦引起的磨损。一般情况下这两种磨损往往同时发生并相互促进。严重的磨损将使轮齿失去正确的齿形，齿侧间隙增大而产生振动和噪声，甚至由于齿厚磨薄最终导致轮齿折断，如图 6-16 所示。

图 6-15 齿面点蚀

图 6-16 齿面磨损

润滑良好、具有一定硬度和表面粗糙度较低的闭式齿轮传动，一般不会产生显著的磨损。在开式传动中，特别是在粉尘浓度大的场合下，齿面磨损将是主要的失效形式。

【防止措施】改善密封和润滑条件、提高齿面硬度、在润滑油中加入减摩添加剂、保持润滑油的清洁等，均能减轻齿面磨损。

3. 齿面胶合

在高速重载的齿轮传动中，啮合区载荷集中，温升快，因而易引起润滑失效；低速重载时，油膜不易形成，均可致使两齿面金属直接接触而熔黏到一起，随着运动的继续而使软齿面上的金属被撕下，在轮齿工作表面上形成与滑动方向一致的沟纹，这种现象称为齿面胶合，如图 6-17 所示。齿面胶合有冷胶合和热胶合之分。

（a）

（b）

图 6-17 齿面胶合

热胶合：在重载高速齿轮传动中，由于啮合处产生很大的摩擦热，导致局部温度过高，使齿面油膜破裂，产生两接触齿面金属熔焊而黏着，这种胶合称为热胶合。热胶合是高速重载齿轮传动的主要失效形式。

冷胶合：在重载低速齿轮传动中，由于局部齿面啮合处压力很高，且速度低，不易形成油膜，使接触表面油膜被刺破而黏着，这种胶合称为冷胶合。

【防止措施】提高齿面硬度，降低齿面粗糙度、限制油温、增加油的黏度、选用抗胶合能力强的润滑油等方法，均可减缓或防止齿面胶合。

4. 塑性变形

低速重载传动时，若轮齿齿面硬度较低，当齿面间载荷及摩擦力又很大时，轮齿在啮合过程中，齿面表层的材料就会沿着摩擦力的方向产生塑性流动，这种现象称为塑性变形，如图 6 - 18 所示。

主动轮齿上所受摩擦力是背离节线分别朝向齿顶及齿根作用的，故产生塑性变形后，齿面沿节线处变成凹沟，如图 6 - 18 （a） 所示。从动轮齿上所受的摩擦力方向则相反，塑性变形后，齿面沿节线处形成凸棱，如图 6 - 18 （b） 所示。

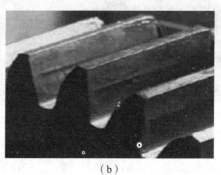

（a） （b）

图 6 - 18 齿面塑性变形

（a） 主动轮塑性变形；（b） 从动轮塑性变形

【防止措施】提高齿面硬度，采用黏度高的润滑油，可防止或减轻齿面产生塑性变形。

5. 轮齿折断

轮齿折断一般发生在齿根部位，因为齿根是应力集中源而且应力最大，如图 6 - 19 所示。轮齿折断可分为如下两种。

图 6 - 19 轮齿折断

疲劳折断：轮齿受力后齿根部受弯曲应力的反复作用，当齿根过渡圆角处的交变应力超过了材料的疲劳极限时，其拉伸侧将产生疲劳裂纹。裂纹不断扩展，最终造成轮齿的弯曲疲劳折断。

过载折断：若齿轮严重过载或受冲击载荷作用，或经严重磨损后齿厚过分减薄时，导致齿根危险截面上的应力超过极限值而发生突然折断。

从折断现象上看，折断有全齿折断和局部折断之分。前者一般发生在齿宽较小的直齿圆柱齿轮上；后者齿根裂纹沿倾斜方向扩展，往往发生在齿宽较大的直齿圆柱齿轮、斜齿圆柱齿轮及人字齿轮上。

【防止措施】选用合适的材料和热处理方法，使齿根芯部有足够的韧性；采用正变位齿轮，增大齿根圆角半径，对齿根处进行喷丸、辊压等强化处理工艺，均可提高轮齿的抗折断能力。

二、齿轮传动的设计准则

轮齿的失效形式很多，它们不大可能同时发生，却又相互联系，相互影响。例如轮齿表面产生点蚀后，实际接触面积减少将导致磨损的加剧，而过大的磨损又会导致轮齿的折断。可是在一定条件下，必有一种为主要失效形式。

在进行齿轮传动的设计计算时，应分析具体的工作条件，判断可能发生的主要失效形式，以确定相应的设计准则。

1. 软齿面齿轮

对于软齿面（硬度≤350HBS）的闭式齿轮传动，由于齿面抗点蚀能力差，润滑条件良好，齿面点蚀将是主要的失效形式。在设计计算时，通常按齿面接触疲劳强度设计，再按齿根弯曲疲劳强度校核。

2. 硬齿面齿轮

对于硬齿面（硬度 > 350HBS）的闭式齿轮传动，齿面抗点蚀能力强，但易发生齿根折断，齿根疲劳折断将是主要失效形式。在设计计算时，通常按齿根弯曲疲劳强度设计，再按齿面接触疲劳强度校核。

多了解一点

◇ 当一对齿轮均为铸铁制造时，一般只需作轮齿弯曲疲劳强度设计计算；

◇ 对于汽车、拖拉机的齿轮传动，过载或冲击引起的轮齿折断是其主要失效形式，宜先作轮齿过载折断设计计算，再作齿面接触疲劳强度校核；

◇ 对于开式传动，其主要失效形式将是齿面磨损。但由于磨损的机理比较复杂，到目前为止尚无成熟的设计计算方法，通常只能按齿根弯曲疲劳强度设计，再考虑磨损，将所求得的模数增大 10% ~20%。

三、齿轮的常用材料

为了保证齿轮工作的可靠性，提高其使用寿命，齿轮的材料及其热处理应根据工作条件和材料的特点来选取。

1. 齿轮材料的基本要求

对齿轮材料的基本要求是：应使齿面具有足够的硬度和耐磨性，齿芯具有足够的韧性，以防止齿面的各种失效，同时应具有良好的冷、热加工的工艺性，以达到齿轮的各种技术要求。

2. 齿轮的常用材料

常用的齿轮材料为各种牌号的优质碳素结构钢、合金结构钢、铸钢、铸铁和非金属材料等，常用齿轮材料及其力学性能见表 6 - 7。一般多采用锻件或轧制钢材。当齿轮结构尺寸较大，轮坯不易锻造时，可采用铸钢；开式低速传动时，可采用灰铸铁或球墨铸铁；低速重载的齿轮易产生齿面塑性变形，轮齿也易折断，宜选用综合性能较好的钢材；高速齿轮易产生齿面点蚀，宜选用齿面硬度高的材料；受冲击载荷的齿轮，宜选用韧性好的材料。对高速、轻载而又要求低噪声的齿轮传动，也可采用非金属材料、如夹布胶木、尼龙等。

表 6-7　常用齿轮材料及其力学性能

类别	材料牌号	热处理方法	抗拉强度 σ_b/MPa	屈服点 σ_s/MPa	硬度
优质碳素钢	35	正火	500	270	150~180HBS
		调质	550	294	190~230HBS
	45	正火	588	294	169~217HBS
		调质	647	373	229~286HBS
		表面淬火			40~50HRC
	50	正火	628	373	180~220HBS
合金结构钢	40Cr	调质	700	500	240~258HBS
		表面淬火			48~55HRC
	35SiMn	调质	750	450	217~269HBS
		表面淬火			45~55HRC
	40MnB	调质	735	490	241~286HBS
		表面淬火			45~55HRC
	20Cr	渗碳淬火后回火	637	392	56~62HRC
	20CrMnTi		1 079	834	56~62HRC
	38CrMoAlA	渗氮	980	834	>850HV
铸钢	ZG45	正火	580	320	156~217HBS
	ZG55		650	350	169~229HBS
灰铸钢	HT300		300		185~278HBS
	HT350		350		202~304HBS
球墨铸铁	QT600-3		600	370	190~270HBS
	Qt700-2		700	420	225~305HBS
非金属	夹布胶木		100		25~35HBS

3．许用应力

（1）许用接触应力

根据材料和轮齿硬度由表6-8查出。

（2）许用弯曲应力

许用弯曲应力与齿轮材料、热处理、齿轮表面硬度和弯曲应力的变化特征有关，其值见表6-9。

表6-8　许用接触应力 $[\sigma_H]$

材料	热处理方法	齿面硬度	$[\sigma_H]$ /MPa
普通碳钢	正火	150～210HBS	$240 + 0.8HBS$
碳素钢	调质、正火	170～270HBS	$380 + 0.7HBS$
合金钢	调质	200～350HBS	$380 + HBS$
铸钢	—	150～200HBS	$180 + 0.8HBS$
碳素铸钢	调质、正火	170～230HBS	$310 + 0.7HBS$
合金铸钢	调质	200～350HBS	$340 + HBS$
碳素钢、合金钢	表面淬火	45～58HRC	$500 + 11HRC$
合金钢	渗碳淬火	54～64HRC	$23\,HRC$
灰铸铁	—	150～250HBS	$120 + HBS$
球墨铸铁	—	200～300HBS	$170 + 1.4HBS$

表6-9　许用弯曲应力 $[\sigma_F]$

材料	热处理方法	齿面硬度	$[\sigma_F]$ /MPa
普通碳钢	正火	150～210HBS	$130 + 0.15HBS$
碳素钢	调质、正火	170～270HBS	$140 + 0.2HBS$
合金钢	调质	200～350HBS	$155 + 0.3HBS$
铸钢	—	150～200HBS	$100 + 0.15HBS$
碳素铸钢	调质、正火	170～230HBS	$120 + 0.2HBS$
合金铸钢	调质	200～350HBS	$125 + 0.25HBS$
碳素钢、合金钢	表面淬火	45～58HRC	$160 + 2.5HRC$
合金钢	表面淬火	54～63HRC	$5.8\,HRC$
灰铸铁	—	150～250HBS	$30 + 0.1HBS$
球墨铸铁	—	200～300HBS	$130 + 0.2HBS$

根据热处理后齿面硬度的不同，齿轮可分为软齿面齿轮（≤350HBS）和硬齿面齿轮（>350HBS）。一般要求的齿轮传动可采用软齿面齿轮。为了减小胶合的可能性，并使配对的大小齿轮寿命相当，通常使小齿轮齿面硬度比大齿轮齿面硬度高出 30 ~ 50HBS。对于高速、重载或重要的齿轮传动，可采用硬齿面齿轮组合，齿面硬度可大致相同。

钢制齿轮的热处理方法主要有以下几种。

◇ 表面淬火：表面淬火常用于中碳钢和中碳合金钢，如 45、40Cr 钢等。表面淬火后，齿面硬度一般为 40 ~ 55HRC。特点是抗疲劳点蚀、抗胶合能力高。耐磨性好；由于齿芯部分未淬硬，齿轮仍有足够的韧性，能承受不大的冲击载荷。

◇ 渗碳淬火：渗碳淬火常用于低碳钢和低碳合金钢，如 20、20Cr 钢等。渗碳淬火后齿面硬度可达 56 ~ 62HRC，而齿轮芯部仍保持较高的韧性，轮齿的抗弯强度和齿面接触强度高，耐磨性较好，常用于受冲击载荷的重要齿轮传动。齿轮经渗碳淬火后，轮齿变形较大，应进行磨削加工。

◇ 渗氮：渗氮是一种表面化学热处理。渗氮后不需要进行其他热处理，齿面硬度可达 700 ~ 900HV。由于渗氮处理后的齿轮硬度高，工艺温度低，变形小，故适用于内齿轮和难以磨削的齿轮，常用于含铅、钼、铝等合金元素的渗氮钢，如 38CrMoAl 等。

◇ 调质：调质一般用于中碳钢和中碳合金钢，如 45、40Cr、35SiMn 钢等。调质处理后齿面硬度一般为 220 ~ 280HBS。因硬度不高，轮齿精加工可在热处理后进行。

◇ 正火：正火能消除内应力，细化晶粒，改善力学性能和切削性能。机械强度要求不高的齿轮可采用中碳钢正火处理，大直径的齿轮可采用铸钢正火处理。

做一做

下面为齿轮工作情况描述，请分析其属于哪种失效形式，如何确定设计准则？

工作情况	失效形式	设计准则
短时过载，冲击负荷或交变负荷		
软齿面，润滑不良，开式传动		
闭式传动，接触应力按脉动循环变化		
大功率，软齿面，高速重载，润滑较差		
软齿面，重载		

步骤七 直齿圆柱齿轮的强度计算

> **? 想一想:**
>
> 阅读如下"相关知识",讨论在直齿圆柱齿轮传动的过程中,所受作用力的方向如何确定?针对轮齿折断和齿面点蚀这两种失效形式,如何选用设计公式和校核公式?

相关知识

一、轮齿受力分析

为了计算轮齿的强度、设计轴和轴承,首先应对齿轮的受力进行分析。图6-20所示为一对标准直齿圆柱齿轮传动时的受力情况。按力作用在分度圆上分析,由于齿面上的摩擦力通常很小,在受力分析时可忽略不计,并将沿齿宽 b 的分布载荷简化为一集中载荷,则两对轮齿在节圆上 P 点的相互作用力为法向力 $\boldsymbol{F}_n$,其方向垂直于齿面且与啮合线方向相同。法向力 $\boldsymbol{F}_n$ 可以分解为两个互相垂直的分力:圆周力 $\boldsymbol{F}_t$ 和径向力 $\boldsymbol{F}_r$。

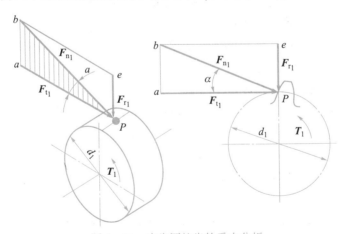

图6-20 直齿圆柱齿轮受力分析

1. 作用在主动轮上的力

$$圆周力\ F_{t_1} = \frac{2T_1}{d_1} \tag{6-8}$$

$$径向力\ F_{r_1} = F_{t_1}\tan\alpha \tag{6-9}$$

$$法向力\ F_{n_1} = \frac{F_{t_1}}{\cos\alpha} \tag{6-10}$$

式中,T_1——主动轮的名义转矩,$T_1 = 9.55 \times 10^6 \dfrac{P_1}{n_1}$,N·mm;

d_1——主动轮的分度圆直径，mm；

α——齿轮分度圆压力角，(°)。

根据作用力与反作用力的原则可得作用在从动轮上的力为：

$$\begin{cases} F_{t_1} = -F_{t_2} \\ F_{r_1} = -F_{r_2} \\ F_{n_1} = -F_{n_2} \end{cases}$$

2. 力的方向

作用在主动齿轮和从动齿轮上的各对作用力的大小相等、方向相反。

（1）圆周力 F_t

主动齿轮所受圆周力的方向与主动齿轮的圆周速度方向相反，从动齿轮所受圆周力的方向与从动齿轮的圆周速度方向相同，如图 6 – 21 所示。

（2）径向力 F_r

分别指向各自的轮心，如图 6 – 21 所示。

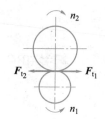

图 6 – 21　圆周力与径向力的方向

二、计算载荷和载荷系数

F_n 是根据名义功率求得的，所以称为名义载荷，并不等于齿轮工作时所承受的实际载荷。主要因为：

① 原动机和工作机工作时有可能产生振动和冲击；

② 轮齿啮合过程中会产生动载荷；

③ 制造安装误差或受载后轮齿的弹性变形以及轴、轴承、箱体的变形等原因，使得载荷沿齿宽方向分布不均；

④ 同时啮合的各轮齿间载荷分布不均。

所以，须将名义载荷修正为计算载荷，进行齿轮的强度计算时，按计算载荷进行计算，法向力的计算载荷为：

$$F_{n_c} = KF_n \tag{6-11}$$

式中，载荷系数 K 可根据动力源和工作机的工作情况由表 6 – 10 选取。

表 6 – 10　载荷系数 K

动力源状况	工作机的载荷特性		
	平稳和比较平稳	中等冲击	严重冲击
工作平稳（电动机或汽轮机）	1.0 ~ 1.2	1.2 ~ 1.6	1.6 ~ 1.8
轻度冲击（多缸内燃机）	1.2 ~ 1.6	1.6 ~ 1.8	1.9 ~ 2.1
中等冲击（单缸内燃机）	1.6 ~ 1.8	1.8 ~ 2.0	2.2 ~ 2.4

注：斜齿圆柱齿轮、圆周速度较低、精度高、齿宽小时，取较小值；齿轮在两轴承之间并且对称布置时，取较小值；齿轮在两轴承之间不对称布置时，取较大值。

三、齿根弯曲疲劳强度计算

为了防止轮齿根部的疲劳折断，在进行齿轮设计时要计算齿根弯曲疲劳强度。轮齿的弯曲强度以齿根处为最弱。计算时，将轮齿看作悬臂梁，其危险截面可用30°切线法来确定，即作与轮齿对称中心线成30°并与齿根过渡曲线相切的两条直线，连接两切点的截面即为齿根的危险截面，如图6－22所示。

轮齿不产生弯曲疲劳折断的强度条件为：

$$\sigma_F \leqslant [\sigma_F] \tag{6-12}$$

弯曲疲劳强度的校核公式为：

$$\sigma_F = \frac{KF_tY_FY_S}{bm} = \frac{2KT_1Y_FY_S}{d_1bm} \leqslant [\sigma_F] \tag{6-13}$$

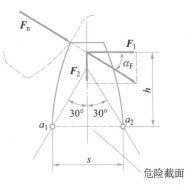

图6－22 齿根危险截面

式中，K——载荷系数，查表6－10；

T_1——主动轮的名义转矩，$N \cdot mm$；

Y_F——齿轮的齿形系数，查表6－11；

Y_S——齿轮的应力修正系数，查表6－12；

d_1——主动轮的分度圆直径，mm；

b——齿宽，mm；

m——模数，mm；

$[\sigma_F]$——齿轮的许用弯曲应力，MPa。

表6－11 标准外齿轮的齿形系数 Y_F

z	12	14	16	18	19	20	22	25	30	35	40	45	50	60	80	100	≥200
Y_F	3.47	3.22	3.03	2.91	2.85	2.81	2.75	2.65	2.54	2.47	2.41	2.37	2.35	2.3	2.25	2.18	2.14

表6－12 标准外齿轮的齿形系数 Y_S

z	12	14	16	18	19	20	22	25	30	35	40	45	50	60	80	100	≥200
Y_S	1.44	1.47	1.51	1.54	1.55	1.56	1.58	1.59	1.63	1.65	1.67	1.69	1.71	1.73	1.77	1.8	1.88

引入齿宽系数 $\psi_b = \dfrac{b}{d_1}$，代入上式，整理得出齿根弯曲强度的设计公式为：

$$m \geqslant \sqrt[3]{\frac{2KT_1Y_FY_S}{\psi_b z_1^2 [\sigma_F]}} \tag{6-14}$$

齿宽系数 ψ_b 可按表6－13选取。

小提示

应用两式进行弯曲疲劳强度计算时应注意：

1. 由于一对齿轮的齿数和材料不同，在设计计算时，应将两齿轮的 $\dfrac{Y_F Y_S}{[\sigma_F]}$ 值进行比较，取其中较大者代入式中进行计算。

2. 将上式中计算的模数圆整成标准值。传递动力的齿轮模数一般应不小于 2 mm。

3. 由于一对啮合齿轮的齿面硬度和齿数不同，因此大小齿轮的齿形系数 Y_F 和应力修正系数 Y_S 都不相等，且齿轮的许用弯曲应力 $[\sigma_F]$ 也不一定相等，因此必须分别校核两齿轮的齿根弯曲强度。

表 6 – 13　齿宽系数 ψ_b

小齿轮相对于轴承的位置	齿面硬度	
	软齿面（硬度≤350HBW）	硬齿面（硬度＞350HBW）
对称布置	0.8 ~ 1.4	0.4 ~ 0.9
非对称布置	0.6 ~ 1.2	0.3 ~ 0.6
悬臂布置	0.3 ~ 0.4	0.2 ~ 0.25

注：直齿圆柱齿轮取小值，斜齿圆柱齿轮取大值；载荷稳定、轴的刚度大取大值，反之取小值。

四、齿面接触疲劳强度计算

齿轮不产生齿面疲劳点蚀的强度条件为：

$$\sigma_H \leqslant [\sigma_H] \tag{6-15}$$

$$\sigma_H = 671 \sqrt{\frac{KT_1}{bd_1^2} \frac{i \pm 1}{i}} \leqslant [\sigma_H] \tag{6-16}$$

式中，K——载荷系数，查表 6 – 10；

T_1——主动轮的名义转矩，N·mm；

i——齿轮齿数比，$i = \dfrac{z_2}{z_1}$；

d_1——主动轮的分度圆直径，mm；

b——齿宽，mm；

$[\sigma_H]$——齿轮的许用接触应力，MPa。

为了便于计算，引入齿宽系数 $\psi_b = \dfrac{b}{d_1}$ 并代入上式，得到齿面接触疲劳强度的设计公式为：

$$d_1 \geqslant \sqrt[3]{\left(\frac{671}{[\sigma_H]}\right)^2 \frac{KT_1}{\psi_b} \frac{i \pm 1}{i}} \tag{6-17}$$

小提示

应用上式进行接触疲劳强度计算时应注意：

1. 两齿面接触处的接触应力相等，即 $\sigma_{H_1} = \sigma_{H_2}$。但由于两齿轮的材料及齿面硬度可能不同，两齿轮的许用应力 σ_{H_1} 和 σ_{H_2} 也可能不同，故在接触强度计算时，应取较小的许用应力值代入计算公式。

2. 如果设计一对非钢制齿轮，则式中的常数 671 应修正为 $671 \times Z_E/189.8$，Z_E 为材料系数，可查表6–14选取。

3. 式（6–16）和式（6–17）中的正号用于外齿轮啮合，负号用于内齿轮啮合。

表6–14 材料系数 Z_E

小齿轮材料	大齿轮材料			
	钢	铸钢	球墨铸铁	灰铸铁
钢	189.8	188.9	181.4	162.0
铸钢	—	188.0	180.5	161.4
球墨铸铁	—	—	173.9	156.6
灰铸铁	—	—	—	143.7

通过以上"相关知识"的学习，确定下面失效形式的设计准则。

失效形式	设计准则
轮齿折断	设计公式： 校核公式：
齿面点蚀	设计公式： 校核公式：

步骤八 带式输送机用齿轮传动的设计

 **想一想：**

设计某带式输送机中用单级直齿圆柱齿轮减速器的齿轮传动，如图 6 – 23 所示，已知传递的功率为 10 kW，小齿轮转速 $n_1 =$ 980 r/min，传动比 $i = 4$，载荷平稳，使用寿命 8 年，两班制工作。

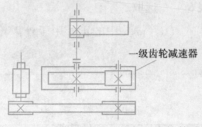

——一级齿轮减速器

图 6 – 23 带式输送机减速器齿轮传动

相关知识

一、齿轮传动的设计

1．设计任务

设计齿轮传动时，应根据齿轮传动的工作条件和要求、输入轴的转速和功率、齿数比、原动机和工作机的工作特性、齿轮工况、工作寿命、外形尺寸要求等，确定以下内容：

① 齿轮材料和热处理方式；

② 主要参数和几何尺寸；

③ 结构形式及尺寸、精度等级及其检验公差等。

一般情况下可获得多种可行方案，应根据具体要求，通过评价决策，得出最佳方案。

2．设计步骤

虽然齿轮传动的设计准则不同，但其设计步骤基本相同。现将一般设计步骤简述如下：

① 根据设计任务要求，选择齿轮材料、热处理方式；

② 根据强度条件初步计算出齿轮的分度圆直径或模数；

③ 确定齿轮传动的主要参数和计算几何尺寸；

④ 根据设计准则校核接触疲劳强度或弯曲疲劳强度；

⑤ 计算齿轮的圆周速度，确定齿轮精度；

⑥ 设计齿轮结构，并绘制出零件工作图。

应注意的是，有些参数往往不是经一次选择就能满足设计要求的，计算过程中，须不断修改或重选，进行多次反复计算，才能得到最佳结果。

二、齿轮的结构设计

齿轮的主要参数，如齿数、模数、齿宽、齿高、分度圆直径等，是通过强度计算确定的，而结构设计主要确定轮辐、轮毂的形式和尺寸。进行齿轮结构设计时，要同时考虑加工、装配、强度等多项设计准则，通过对轮辐、轮毂的形状、尺寸进行变换，设计出符合要求的齿轮结构。齿轮的直径大小是影响轮辐、轮毂形状尺寸的主要因素，通常是先根据齿轮直径确定合适的结构形式，然后再考虑其他因素对结构进行完善，有关结构设计的具体尺寸数值，可参阅相关手册。

齿轮结构可分成 4 种基本形式，见表 6 – 15。

表 6 – 15 齿轮的结构类型

齿轮的结构类型	简图
齿轮轴 当圆柱齿轮的齿根圆至键槽底部的距离 $x \leq$ (2.0~2.5) mm，或当圆锥齿轮小端的齿根圆至键槽底部的距离 $x \leq$ (2.0~2.5) mm 时，应将齿轮与轴制成一体，称为齿轮轴	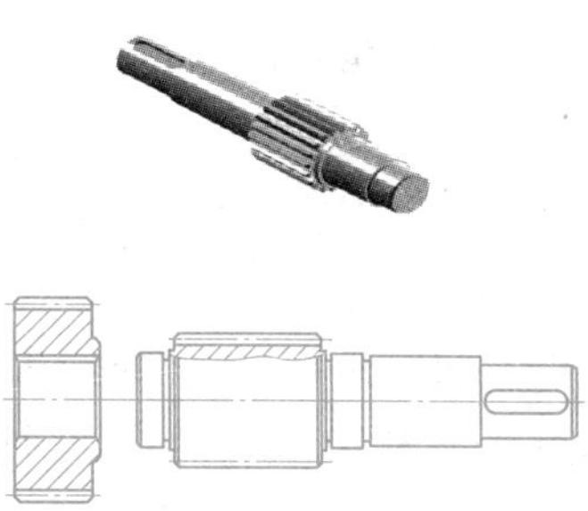
实体式齿轮 当齿轮的齿顶圆直径 $d_a \leq 200$ mm 时，可采用实体式结构，如图所示。这种结构形式的齿轮常用锻钢制造	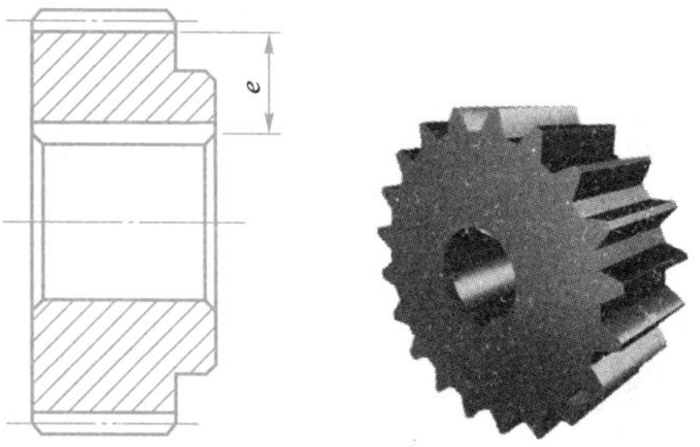
腹板式齿轮 当齿轮的齿顶圆 $d_a = 200 \sim 500$ mm 时，可采用腹板式结构，如图所示。这种结构的齿轮一般多用锻钢制造	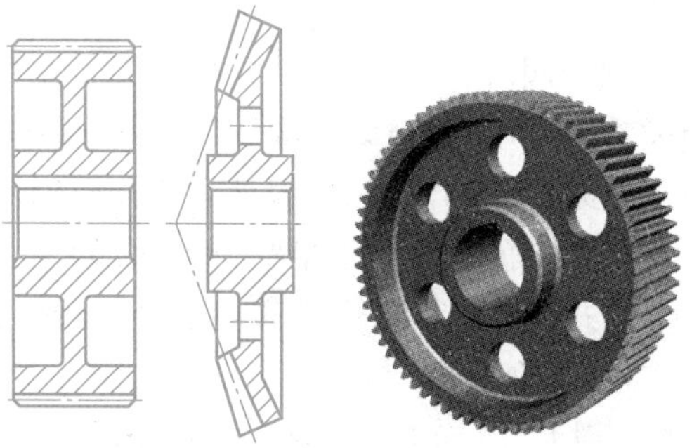

续表

齿轮的结构类型	简图
轮辐式齿轮 当齿轮的齿顶直径 $d_a > 500$ mm 时，可采用轮辐式结构，如图所示。这种结构的齿轮常采用铸钢或铸铁制造	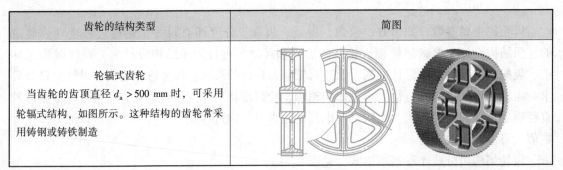

三、齿轮传动的润滑

润滑可以减小摩擦、减轻磨损，同时可以起到冷却、防锈、降低噪声、改善齿轮的工作状态、延缓轮齿失效、延长齿轮的使用寿命等作用。

1. 润滑方式

浸油润滑和喷油润滑。一般根据齿轮的圆周速度来确定用哪一种方式。

(1) 浸油润滑

当圆周速度 $v < 12$ m/s 时，通常将大齿轮浸入油池中进行润滑，如图 6-24 所示。齿轮浸入油中的深度至少为 10 mm，转速低时可浸深一些，但浸入过深则会增大运动阻力并使油温升高。在多级齿轮传动中，对于未浸入油池内的齿轮，可采用带油轮将油带到未浸入油池内的齿轮齿面上，如图 6-25 所示。浸油齿轮可将油甩到齿轮箱壁上，有利于散热。

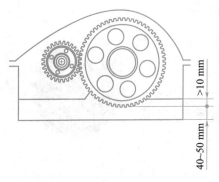

图 6-24　浸油润滑

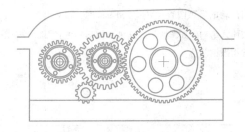

图 6-25　浸油润滑（加带油轮）

(2) 喷油润滑

当齿轮的圆周速度 $v > 12$ m/s 时，由于圆周速度大，齿轮搅油剧烈，且黏附在齿廓面上的油易被甩掉，因此不宜采用浸油润滑，而应采用喷油润滑，如图 6-26 所示。即用油泵将具有一定压力的润滑油经喷油嘴喷到啮合的齿面上。

对于开式齿轮传动，由于其传动速度较低，通常采用人工定期加油润滑的方式。

2. 润滑油的选择

选择润滑油时，先根据齿轮的工作条件以及圆周速度查得运动黏度值，再根据选定的黏度确定润滑油的牌号。必须经常检查齿轮传动润滑系统的状况（如润滑油的油面高度等）。油面过低则润滑不良，油面过高会增加搅油功率的损失。对于压力喷油润滑系统还需检查油压状况，油压过低会造成供油不足，油压过高则可能是因为油路不畅通所致，需及时调整油压。

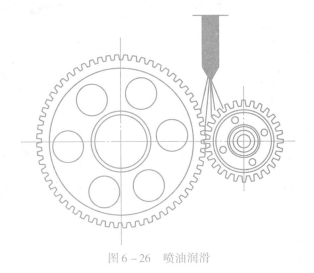

图 6 - 26　喷油润滑

设计计算内容	结果
1. 选择齿轮材料，确定热处理方式 　该带式输送机中用单级直齿圆柱齿轮减速器，是闭式齿轮传动，工作机载荷变动小，传递功率小，可以采用软齿面齿轮。小齿轮选用 45 钢调质，硬度为 220 ~ 260HBS；大齿轮选用 45 钢正火，硬度为 170 ~ 220HBS	小齿轮选用 45 钢调质；大齿轮选用 45 钢正火
2. 按齿面接触疲劳强度设计 　（1）转矩 T_1 $T_1 = 9.55 \times 10^6 \dfrac{P_1}{n_1} = 9.55 \times 10^6 \times \dfrac{10}{980} = 0.97 \times 10^5$（N·mm） 　（2）载荷系数 K 　查表 6 - 10 取 $K = 1$ 　（3）齿宽系数 ψ_b 　取小齿轮的齿数 z_1 为 25，则大齿轮的齿数 $z_2 = 100$，因单级齿轮传动为对称布置，而齿轮齿面又为软齿面，由表 6 - 11 选取 $\psi_b = 1.0$ 　（4）许用接触应力 $[\sigma_{H_1}]$、$[\sigma_{H_2}]$ 　小齿轮的硬度取 250HBS，大齿轮的硬度取 180HBS，由表 6 - 8 得 　　$[\sigma_{H_1}] = 380 + 0.7HBS_1 = 380 + 0.7 \times 250 = 555$（MPa） 　　$[\sigma_{H_2}] = 380 + 0.7HBS_2 = 380 + 0.7 \times 180 = 506$（MPa） 则根据式（6 - 17），得 $d_1 \geqslant \sqrt[3]{\left(\dfrac{671}{[\sigma_H]}\right)^2 \times \dfrac{KT_1}{\psi_H} \times \dfrac{i \pm 1}{i}} = \sqrt[3]{\left(\dfrac{671}{506}\right)^2 \times \dfrac{0.97 \times 10^5}{1} \times \dfrac{5}{4}} = 59.76$（mm）	$T_1 = 0.97 \times 10^5$ N·mm $K = 1$ $\psi_b = 1.0$ $[\sigma_{H_1}] = 555$ MPa $[\sigma_{H_2}] = 506$ MPa

设计计算内容	结果
3. 确定齿轮的主要参数和计算几何尺寸 （1）确定模数 $$m = \frac{d_1}{z_1} = \frac{59.76}{25} = 2.39 \ (\text{mm})$$ 由表取标准模数 $m = 2.5$ mm （2）主要几何尺寸计算 $$d_1 = mz_1 = 2.5 \times 25 = 62.5 \ (\text{mm})$$ $$d_2 = mz_2 = 2.5 \times 100 = 250 \ (\text{mm})$$ $$b = \psi_b d_1 = 1.0 \times 62.5 = 62.5 \ (\text{mm})$$ $$a = \frac{1}{2}m \ (z_1 + z_2) = \frac{1}{2} \times 2.5 \times \ (25 + 100) = 156.25 \ (\text{mm})$$ 取 $b_2 = 65$ mm，$b_1 = 70$ mm	$m = 2.5$ mm $d_1 = 62.5$ mm $d_2 = 250$ mm 将齿宽圆整后取： $b_2 = 65$ mm $b_1 = 70$ mm $a = 156.25$ mm
4. 按齿根弯曲疲劳强度校核 （1）许用弯曲应力 $[\sigma_F]$（查表 6-9） $[\sigma_{F1}] = 140 + 0.2HBS_1 = 140 + 0.2 \times 250 = 190 \ (\text{MPa})$ $[\sigma_{F2}] = 140 + 0.2HBS_2 = 140 + 0.2 \times 180 = 176 \ (\text{MPa})$ （2）齿形系数 Y_F 查表 6-12 得 $Y_{F1} = 2.65$，$Y_{F2} = 2.18$ （3）应力修正系数 Y_S 查表 6-13 得 $Y_{S1} = 1.59$，$Y_{S2} = 1.80$，所以： $$\sigma_{F1} = \frac{2KT_1 Y_{F1} Y_{S1}}{d_1 bm} = \frac{2 \times 1.1 \times 0.95 \times 10^5 \times 2.65 \times 1.59}{62.5 \times 65 \times 2.5} = 86.5(\text{MPa}) < [\sigma_{F1}]$$ $$\sigma_{F2} = \sigma_{F1} \frac{Y_{F2} Y_{S2}}{Y_{F1} Y_{S1}} = 86.5 \times \frac{2.18 \times 1.80}{2.65 \times 1.59} = 80.6(\text{MPa}) < [\sigma_{F2}]$$	$[\sigma_{F1}] = 190$ MPa $[\sigma_{F2}] = 176$ MPa $\sigma_{F1} = 86.5$ MPa $\sigma_{F2} = 80.6$ MPa 齿根弯曲强度校核合格
5. 计算齿轮的圆周速度 v 齿轮的圆周速度 $$v = \frac{\pi d_1 n_1}{60 \times 1\ 000} = \frac{3.14 \times 62.5 \times 980}{60 \times 1\ 000} = 3.21 \ (\text{m/s})$$	查表，根据圆周速度 $v = 3.21$ m/s，选取该齿轮传动为 8 级精度
6. 确定齿轮的结构	略

任务拓展训练（学习工作单）

任务名称		齿轮传动设计		日期		
组长		班级			小组其他成员	
实施地点						
实施条件						
任务描述	设计一单级直齿圆柱齿轮减速器的齿轮传动，该减速器由电动机驱动，载荷平稳，已知传递的功率为 11 kW，小齿轮转速 $n_1 = 950$ r/min，传动比 $i = 3.9$，单班制工作，齿轮对称分布，预期寿命 8 年					
任务分析						
任务实施步骤						
评价						
评价细则	专业能力	基础知识掌握		素质能力	正确查阅相关资料	
		实际工况分析			严谨的工作态度	
		设计步骤完整			语言表达能力	
		设计结果合理			小组配合默契，团结协作	
		成绩				

知识拓展一 ►►►

◇ 斜齿圆柱齿轮传动

一、斜齿圆柱齿轮齿廓曲面的形成及啮合特点

从渐开线的形成过程和齿轮的参数分析知道，渐开线的形成是在一个平面里进行讨论的，而齿轮是有宽度的。因此，前面所讨论的渐开线的概念必须做进一步的深化。如何深化呢？从几何的观点看，无非是点→线、线→面、面→体。因此，直齿圆柱齿轮渐开线曲面的形成有如下叙述：发生面沿基圆柱做纯滚动，发生面上任意一条与基圆柱母线平行的直线在空间所走过的轨迹即为直齿轮的齿廓曲面，如图 6 – 27（a）所示。

斜齿圆柱齿轮齿廓曲面的形成：发生面沿基圆柱做纯滚动，发生面上任意一条与基圆柱母线成一倾斜角 β_b 的直线在空间内所走过的轨迹为一个渐开线螺旋面，即为斜齿圆柱齿轮的齿廓曲面，称为基圆柱上的螺旋角，如图 6 – 27（b）所示。

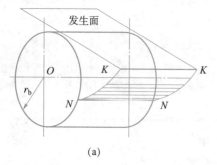
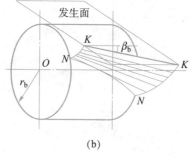

图 6 – 27　圆柱齿轮齿廓的形成
（a）直齿圆柱齿轮；（b）斜齿圆柱齿轮

直齿圆柱齿轮啮合时，齿面的接触线平行于齿轮轴线，如图 6 – 28（a）所示，因此轮齿沿整个齿宽方向同时进入啮合、同时脱离啮合，使轮齿的承载和卸载具有突然性。因此齿轮的传动平稳性较差，容易产生冲击和噪声。

一对平行轴斜齿圆柱齿轮啮合时，斜齿轮的齿廓是逐渐进入和逐渐脱离啮合的，斜齿轮齿廓接触线的长度由零逐渐增加，又逐渐缩短，直至脱离接触，如图 6 – 28（b）所示。当其齿廓前端面脱离啮合时，齿廓的后端面仍在啮合中，载荷在齿宽方向上不是突然

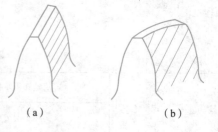

图 6 – 28　齿面上的啮合线
（a）直齿圆柱齿轮；（b）斜齿圆柱齿轮

加上及卸下，其啮合过程比直齿轮长，同时啮合的齿轮对数也比直齿轮多，即其重合度较大。因此斜齿轮传动工作较平稳、承载能力强、噪声和冲击较小，适用于高速、大功率的齿轮传动。

二、斜齿圆柱齿轮的基本参数、几何尺寸计算

斜齿轮的轮齿为螺旋形，在垂直于齿轮轴线的端面（下标以 t 表示）和垂直于齿廓螺旋

面的法面（下标以 n 表示）上有不同的参数。斜齿轮的端面是标准的渐开线，但从斜齿轮的加工和受力角度看，斜齿轮的法面参数应为标准值。

1. 螺旋角

图 6-29 所示为斜齿轮分度圆柱面展开图，螺旋线展开成一直线，该直线与轴线的夹角 β 称为斜齿轮在分度圆柱上的螺旋角，简称斜齿轮的螺旋角。

通常用分度圆上的螺旋角 β 进行几何尺寸的计算。螺旋角 β 越大，轮齿就越倾斜，传动的平稳性也越好，但轴向力也越大。通常在设计时取 8°~20°。对于人字齿轮，其轴向力可以抵消，常取 25°~45°，但加工较为困难，一般用于重型机械的齿轮传动中。

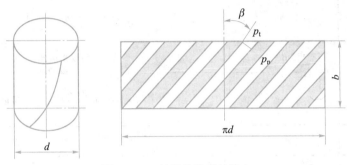

图 6-29 斜齿轮齿廓的旋向

齿轮按其齿廓渐开线螺旋面的旋向，可分为右旋和左旋两种。如何判断左右旋呢？如图 6-30 所示。

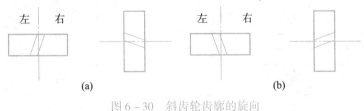

图 6-30 斜齿轮齿廓的旋向
(a) 右旋；(b) 左旋

2. 模数和压力角

斜齿圆柱齿轮的法向参数为标准参数，用铣刀或滚刀加工斜齿圆柱齿轮时，刀具的进给方向是齿轮分度圆柱上螺旋线的方向，因此斜齿圆柱齿轮的法面模数 m_n 和法面压力角 α_n 应与刀具的模数和压力角相同，均为标准值，法面模数 m_n 的标准值见相关齿轮标准，法面压力角 α_n 的标准值为 20°。但是斜齿圆柱齿轮的直径和中心距等几何尺寸的计算，是在端面内进行的，因此要注意法面参数与端面参数的换算关系。

法面齿距 p_n 与端面齿距 p_t 的关系为：

$$p_n = p_t \cos\beta \tag{6-18}$$

由 $p_n = \pi m_n$，$p_t = \pi m_t$，得法面模数 m_n 与端面模数 m_t 的关系为：

$$m_n = m_t \cos\beta \tag{6-19}$$

法面压力角 α_n 和端面压力角 α_t 的关系为：

$$\tan\alpha_n = \tan\alpha_t \cos\beta \tag{6-20}$$

3. 齿顶高系数及顶隙系数

无论从法向或从端面来看，轮齿的齿顶高都是相同的，顶隙也是相同的，即：

$$h_{a_n}^* m_n = h_{a_t}^* m_t, c_n^* m_n = c_t^* m_t \tag{6-21}$$

4. 斜齿圆柱齿轮的几何尺寸计算

标准斜齿圆柱齿轮的几何尺寸计算公式见表 6–16。

表 6–16 标准斜齿圆柱齿轮的几何尺寸计算公式

名称	符号	计算公式
端面模数	m_t	$m_t = \dfrac{m_n}{\cos\beta}$，$m_n$ 为标准值
螺旋角	β	一般取 8°~20°
端面压力角	α_t	$\alpha_t = \arctan\dfrac{\tan\alpha_n}{\cos\beta}$，$\alpha_n$ 为标准值
法向齿距	p_n	$p_n = \pi m_n$
端面齿距	p_t	$p_t = \pi m_t$
分度圆直径	d	$d = m_t z = \dfrac{m_n z}{\cos\beta}$
齿顶高	h_a	$h_a = m_n$
齿顶圆直径	d_a	$d_a = d + 2h_a$
齿根高	h_f	$h_f = 1.25 m_n$
齿根圆直径	d_f	$d_f = d - 2h_f$
全齿高	h	$h = h_a + h_f = 2.25 m_n$
标准中心距	a	$a = \dfrac{1}{2}(d_1 + d_2) = \dfrac{1}{2}m_t(z_1 + z_2) = \dfrac{m_n}{2\cos\beta}(z_1 + z_2)$

小提示

一对外啮合斜齿圆柱齿轮的正确啮合条件如下：
1. 两斜齿圆柱齿轮的法向模数相等，即 $m_{n_1} = m_{n_2}$。
2. 两斜齿圆柱齿轮的法向压力角相等，即 $\alpha_{n_1} = \alpha_{n_2}$。
3. 两斜齿圆柱齿轮的螺旋角大小相等，方向相反，即 $\beta_1 = -\beta_2$。

三、斜齿圆柱齿轮的设计计算

1. 受力分析

（1）力的大小

图 6-31 所示为斜齿圆柱齿轮在节点 P 处的受力情况，忽略啮合面间的摩擦力，并将整个齿宽上所受的法向力 $\boldsymbol{F}_n$ 简化，集中作用在齿宽中点 P。法向力 $\boldsymbol{F}_n$ 可分解为 3 个互相垂直的分力。

$$\left.\begin{aligned}
\text{圆周力} \qquad F_t &= \frac{2T_1}{d_1} \\
\text{径向力} \qquad F_r &= F_t \tan\alpha_t = \frac{F_t \tan\alpha_n}{\cos\beta} \\
\text{轴向力} \qquad F_a &= F_t \tan\beta \\
\text{法向力} \qquad F_n &= \frac{F_t}{\cos\beta\cos\alpha_n}
\end{aligned}\right\} \qquad (6-22)$$

式中，T_1——小齿轮上的名义转矩，N·mm；

$\quad\ \beta$——斜齿轮螺旋角；

$\quad\ \alpha_n$——法向压力角，$\alpha_n = 20°$；

$\quad\ \alpha_t$——端面压力角；

$\quad\ d_1$——小齿轮分度圆直径，mm。

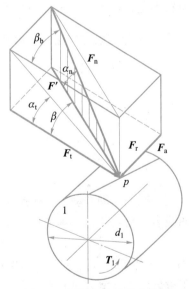

图 6-31 斜齿轮的受力分析

（2）力的方向

作用在主动轮上的圆周力和径向力方向的判定方法与直齿圆柱齿轮相同，轴向力的方向可根据左右手法则判定，即左旋斜齿圆柱齿轮用左手判定，右旋斜齿圆柱齿轮用右手判定。具体判断方法为四指弯曲指向齿轮的旋转方向，拇指伸直，与四指垂直，若是主动轮，拇指指向即为轴向力的方向，若是从动轮，拇指的反方向为轴向力的方向。

2. 强度计算

斜齿圆柱齿轮的强度计算与直齿圆柱齿轮的强度计算方法基本相同，只是在计算时要考虑斜齿轮的螺旋角对轮齿强度带来的影响。

（1）齿根弯曲疲劳强度计算

校核公式：

$$\sigma_F = \frac{1.6KT_1Y_FY_S}{bm_nd_1} = \frac{1.6KT_1Y_FY_S\cos\beta}{bm_n^2z_1} \leq [\sigma_F] \qquad (6-23)$$

齿根弯曲疲劳强度的设计公式为：

$$m \geq \sqrt[3]{\frac{1.6KT_1}{\psi_s z_1^2} \times \frac{Y_FY_S\cos^2\beta}{[\sigma_F]}} \qquad (6-24)$$

除已经说明的斜齿轮相关参数外，式中其余各符号的意义、单位和确定方法同直齿圆柱齿轮传动。

（2）齿面接触疲劳强度计算

校核公式：

$$\sigma_H = 590\sqrt{\frac{KT_1}{bd_1^2} \times \frac{i\pm1}{i}} \leq [\sigma_H] \qquad (6-25)$$

简化接触疲劳强度设计公式为：

$$d_1 \geq \sqrt[3]{\left(\frac{590}{[\sigma_H]}\right)^2 \times \frac{KT_1}{\psi_b} \times \frac{i\pm1}{i}} \qquad (6-26)$$

式中，当一对相互啮合齿轮的材料不是钢对钢时，常数 590 可根据表 6-14 中的 Z_E 值修正为 $590 \times \frac{Z_E}{189.8}$，式中各符号的意义、单位和确定方法同直齿圆柱齿轮传动。

 知识拓展二 ≫

◇ **直齿锥齿轮传动**

一、锥齿轮传动的特点和应用

锥齿轮传动常用于传递两相交轴间的运动和动力。根据轮齿方向和分度圆母线方向的相互关系，可分为直齿、斜齿和曲线齿锥齿轮传动。本节仅介绍常用的轴交角为 90° 的直齿锥齿轮传动。

直齿锥齿轮的齿形由大端向小端逐渐收缩，为计算和测量方便，规定大端参数为标准值，几何尺寸按大端计算。由于锥齿轮沿齿宽方向截面大小不等，引起载荷沿齿宽方向分布不均，其受力和强度计算都相当复杂，故一般以齿宽中点的当量直齿圆柱齿轮作为计算基础。

锥齿轮加工较为困难，不易获得高的精度，因此在传动中会产生较大的振动和噪声，所以直齿锥齿轮传动仅适合于 $n \leq 5$ m/s 的传动。

二、直齿锥齿轮基本参数及几何尺寸

为了便于锥齿轮的设计计算，减小测量误差，取标准直齿锥齿轮的大端模数 m 和压力角 α 为标准值。与直齿圆柱齿轮的正确啮合条件一样，一对相互啮合的直齿锥齿轮的正确啮合条件是，锥齿轮的大端模数相等，即 $m_1 = m_2$；压力角相等，即 $\alpha_1 = \alpha_2$。

图 6-32 所示为一对相互啮合的锥齿轮，其几何尺寸计算公式如表 6-17 所示。

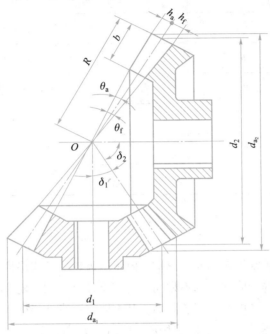

图 6-32 锥齿轮的几何尺寸

表 6-17 标准直齿锥齿轮的几何尺寸计算公式

名称	符号	计算公式
大端模数	m	按 GB/T 12368—1990 取标准值
压力角	α	标准值 20°
传动比	i	$i = z_2/z_1 = \tan\delta_2 = \cot\delta_1$
分度圆锥角	δ	$\delta_2 = \arctan\left(\dfrac{z_2}{z_1}\right),\ \delta_1 = 90° - \delta_2$
分度圆直径	d	$d = mz$
齿顶高	h_a	$h_a = m$
齿根高	h_f	$h_f = 1.2m$
全齿高	h	$h = h_a + h_f = 2.2m$

名称	符号	计算公式
顶隙	c	$c = 0.2m$
齿顶圆直径	d_a	$d_{a_1} = d_1 + 2m\cos\delta_1$，$d_{a_2} = d_2 + 2m\cos\delta_2$
齿根圆直径	d_f	$d_{f_1} = d_1 - 2.4m\cos\delta_1$，$d_{f_2} = d_2 - 2.4m\cos\delta_2$
外锥距	R_e	$R_e = \sqrt{r_1^2 + r_2^2} = \dfrac{m}{2}\sqrt{z_1^2 + z_2^2} = \dfrac{d_1}{2\sin\delta_2}$
齿宽	b	$b \leqslant \dfrac{R}{3}$，$b \leqslant 10m$
齿顶角	θ_a	$\theta_a = \arctan\dfrac{h_a}{R_e}$
齿根角	θ_f	$\theta_f = \arctan\dfrac{h_f}{R_e}$
顶锥角	δ_a	$\delta_{a_1} = \delta_1 + \theta_{a_1}$，$\delta_{a_2} = \delta_2 + \theta_{a_2}$
根锥角	δ_f	$\delta_{f_1} = \delta_1 + \theta_{f_1}$，$\delta_{f_2} = \delta_2 + \theta_{f_2}$

三、直齿锥齿轮的受力分析

图6-33所示为直齿锥齿轮的受力分析，由于锥齿轮的轮齿厚度和高度向锥顶方向逐渐减小，故轮齿各剖面上的弯曲强度都不相同。为简化计算，假定轮齿间的作用力集中作用在齿宽中部的节点上，如不考虑摩擦力的影响，其方向将垂直地指向工作齿面。齿间的法向力用F_n表示，F_n可分解为3个分力：圆周力F_t、径向力F_r和轴向力F_a。各分力的大小、方向及相互关系如下。

1. 力的大小

$$\left.\begin{array}{l} \text{圆周力：} \qquad F_t = \dfrac{2T_1}{d_m} \\[2mm] \text{径向力：} \qquad F_r = F_t\tan\alpha\sin\delta \\[2mm] \text{轴向力：} \qquad F_a = F_t\tan\alpha\cos\delta \end{array}\right\} \qquad (6-27)$$

式中，d_m——小齿轮齿宽中点的分度圆直径，$d_m = d_1(1 - 0.5\psi_R)$（d_1为小齿轮分度圆直径；ψ_R为齿宽系数，即齿宽与锥距之比），单位为mm。

2. 力的方向

圆周力F_t：主动轮上所受的圆周力与主动齿轮转向相反，从动轮上所受的圆周力与从动齿轮转向相同。

径向力F_r：分别指向各自轮心。

轴向力F_a：分别由各轮的小端指向大端。

3. 各力的对应关系

$$F_{t_1} = -F_{t_2}, F_{r_1} = -F_{a_2}, F_{a_1} = -F_{r_2} \qquad (6-28)$$

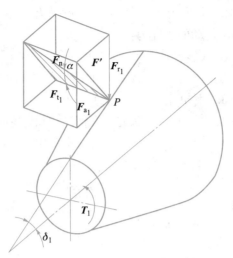

图 6 – 33　直齿锥齿轮的受力分析

巩固练习

一、思考题

1. 渐开线的性质有哪些？

2. 何为模数？模数的大小对齿轮有何影响？

3. 简述齿轮传动的失效形式及减轻和防止失效的措施。

4. 试述齿宽系数的大小对齿轮传动的传动性能和承载能力的影响。

5. 对齿轮材料的基本要求是什么？常用齿轮材料有哪些？如何保证对齿轮材料的基本要求？

6. 一对齿轮传动，小齿轮和大齿轮齿根处的弯曲应力是否相等？如大、小齿轮的材料和热处理情况均相同，则其接触疲劳许用应力是否相等？如其弯曲疲劳许用应力相等，则大小齿轮的接触疲劳强度是否相等？

7. 斜齿圆柱齿轮的强度计算和直齿圆柱齿轮的强度计算有何区别？

8. 斜齿轮和锥齿轮的轴向力是如何确定的？

二、选择题

1. 渐开线上任意一点的法线必（　　）基圆。

A. 交于 　　　　　　　　B. 切于 　　　　　　　　C. 没关系

2. 标准渐开线齿轮，影响齿轮齿廓形状的是（　　）。

A. 齿轮的基圆半径 　　　　　　　　B. 齿轮的分度圆半径

C. 齿轮的节圆半径 　　　　　　　　D. 齿轮的任意圆半径

3. 增大斜齿轮螺旋角使（　　）增加。

A. 径向力　　　　　　　B. 轴向力　　　　　　C. 圆周力　　　　　　D. 任意力

4. 一对渐开线齿轮连续传动的条件为：（　　　）。

A. $\varepsilon \geq 1$　　　　　B. $\varepsilon \geq 2$　　　　　C. $\varepsilon \leq 1$　　　　　D. $\varepsilon \geq 1.3$

5. 渐开线上各点的压力角（　　　），基圆上的压力角（　　　）。

A. 相等　　　　　　　　B. 不相等　　　　　　C. 不等于零　　　　　D. 等于零

6. 对于齿数相同的齿轮，模数越大，齿轮的几何尺寸和齿轮的承载能力（　　　）。

A. 越大　　　　　　　　B. 越小　　　　　　　C. 不变化

7. 斜齿轮有规定以（　　　）为标准值。

A. 法面模数　　　　　　　　　　　　　　　B. 端面模数

C. 法面模数或端面模数　　　　　　　　　　D. 以上均不是

8. 斜齿轮规定以（　　　）为标准值。

A. 法面压力角　　　　　　　　　　　　　　B. 端面压力角

C. 齿顶压力角　　　　　　　　　　　　　　D. 齿根压力角

9. 标准直齿圆锥齿轮规定它（　　　）的几何参数为标准值。

A. 小端　　　　　　　　B. 大端　　　　　　　C. 小端或大端

10. 一对标准直齿圆柱齿轮传动，模数为 2 mm，齿数分别为 20、30，则两齿轮传动的中心距为（　　　）。

A. 100 mm　　　　　　B. 200 mm　　　　　　C. 50 mm　　　　　　D. 25 mm

11. 一对齿轮要正确啮合，它们的（　　　）必须相等。

A. 直径　　　　　　　　B. 宽度　　　　　　　C. 齿数　　　　　　　D. 模数

12. 一标准直齿圆柱齿轮的齿距 $p = 15.7$ mm，齿顶圆直径 $d_a = 400$ mm，则该齿轮的齿数为（　　　）。

A. 82　　　　　　　　　B. 80　　　　　　　　C. 78　　　　　　　　D. 76

三、分析设计题

1. 有一标准渐开线直齿圆柱齿轮，已知：$m = 4$，齿顶圆直径 $d_a = 88$，试求：（1）齿数 z；（2）分度圆直径 d；（3）齿全高 h；（4）基圆直径 d_b。

2. 图 6-34 所示为斜齿圆柱齿轮传动，按 Ⅱ 轴轴向力平衡原则，确定齿轮 3、4 的旋向。判断齿轮 1、4 的受力方向（各用 3 个分力标在图上）。

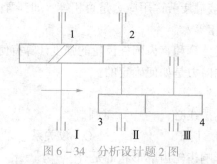

图 6-34　分析设计题 2 图

3. 某传动装置中有一对渐开线标准直齿圆柱齿轮（正常齿），大齿轮已损坏，小齿轮的齿数 $z_1 = 24$，齿顶圆直径 $d_{a_1} = 78$ mm，中心距 $a = 135$ mm，试计算大齿轮的主要几何尺寸及这对齿轮的传动比。

4. 一对渐开线直齿圆柱齿轮传动，已知 $z_1 = 17$、$z_2 = 119$、$m = 5$ mm、$\alpha = 20°$，中心距 $a = 340$ mm，因小齿轮磨损严重，拟将报废，大齿轮磨损较轻，沿齿厚方向每侧磨损量为 0.9 mm，拟修复使用。要求设计的小齿轮齿顶厚 $s_{a_1} \geqslant 40$ mm，试设计这对齿轮。

5. 已知一对外啮合标准斜齿圆柱齿轮，$z_1 = 23$，$z_2 = 98$，$m = 4$ mm，$\alpha = 20°$，$h_a^* = 1$，$a = 250$ mm，试计算该对齿轮的基本参数和几何尺寸。

任务 7　蜗杆传动

任务目标 》》

【知识目标】

◇ 了解蜗杆传动的类型及特点；
◇ 掌握蜗杆传动的几何尺寸计算；
◇ 掌握蜗杆传动的设计准则及强度计算；
◇ 了解蜗杆传动的效率、润滑及热平衡计算。

【能力目标】

◇ 合理进行蜗杆传动主要参数的选择；
◇ 能够进行蜗杆传动的受力分析；
◇ 能够根据工作条件，设计简单的蜗杆传动。

【职业目标】

◇ 分析问题、解决问题的能力；
◇ 严谨的工作态度。

任务描述 》》

　　设计由一电动机驱动的单级圆柱蜗杆减速器中的蜗杆传动，如图 7-1 所示，电动机功率 $P=4.5$ kW，转速 $n=960$ r/min，传动比 $i=20$，载荷平稳，单向回转。

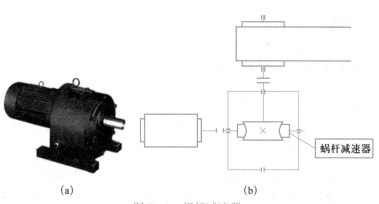

(a)   (b)

蜗杆减速器

图 7 - 1 蜗杆减速器

 **想一想：**

设计蜗杆减速器的一般步骤是什么？

 任务分析 ≫

蜗杆减速器的设计内容包括选择蜗杆、蜗轮的材料，确定其许用应力；根据该传动的传动比，选择蜗杆、蜗轮的齿数；按蜗轮齿面接触疲劳强度或齿根弯曲疲劳强度设计其主要几何尺寸；强度校核；进行热平衡计算等。要完成本任务，需完成下面几个步骤的学习。

学习任务分解
步骤一　蜗杆传动的特点和类型
步骤二　蜗杆传动的基本参数和几何尺寸
步骤三　蜗杆传动设计基础
步骤四　蜗杆传动的强度计算
步骤五　蜗杆传动的效率、润滑和热平衡计算
步骤六　单级圆柱蜗杆减速器中的蜗杆传动设计

任务实施

步骤一 蜗杆传动的特点和类型

想一想：

　　阅读如下"相关知识"，想一想：什么样的工作条件可以选择蜗杆传动？蜗杆传动的类型很多，图7-1所示的蜗杆减速器中，选择哪种类型的蜗杆传动比较合理？

相关知识

一、蜗杆传动的特点和应用

　　蜗杆传动由蜗杆、蜗轮组成，通常取蜗杆作为主动件，用于传递空间两交错轴之间的运动和动力，通常两轴交角为90°，如图7-2所示。

　　蜗杆传动具有以下特点：

　　① 传动比大、结构紧凑。在一般传动中，传动比$i = 10 \sim 40$，最大可到达80，在分度机构中，传动比可达1 000。

　　② 传动平稳，噪声小。蜗杆的轮齿是连续的螺旋齿，在与蜗轮啮合的过程中，轮齿是逐渐进入啮合、逐渐退出啮合的，并且同时参与啮合的齿数较多，所以传动平稳，工作时产生的噪声较小。

　　③ 具有自锁性。当蜗杆的导程角很小，蜗杆传动具有自锁性，这一特点的应用如图7-3所示的手动葫芦。

图7-2 蜗杆传动

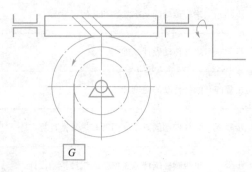

图7-3 手动葫芦

④ 传动效率低。蜗轮与蜗杆在啮合处有较大的相对滑动，因此发热量大，传动效率较低，传动效率一般为 $0.7 \sim 0.8$，对具有自锁性的蜗杆传动，其效率低于 0.5。

⑤ 蜗轮的造价较高，一般多用青铜制造，因此成本较高。

二、蜗杆传动的类型

按照蜗杆的形状不同，蜗杆传动分为圆柱蜗杆传动（见图 7 - 4（a））、环面蜗杆传动（见图 7 - 4（b））和锥面蜗杆传动（见图 7 - 4（c）），其中圆柱蜗杆传动应用最广。

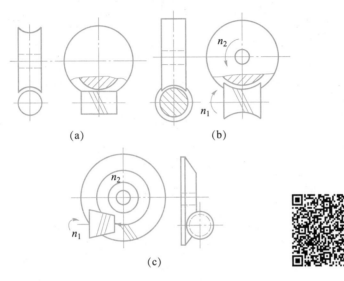

图 7 - 4　蜗杆传动的类型

（a）圆柱蜗杆传动；（b）环面蜗杆传动；（c）锥面蜗杆传动

圆柱蜗杆传动分为普通圆柱蜗杆传动和圆弧圆柱蜗杆传动。

1. 普通圆柱蜗杆传动

普通圆柱蜗杆的齿面一般是在车床上用直线刀刃的车刀切制而成，如图 7 - 5 所示，车刀安装位置不同，加工出的蜗杆齿面的齿廓形状不同。按齿廓曲线的不同，普通圆柱蜗杆传动可分为 4 种，见表 7 - 1。

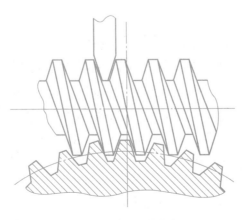

图 7 - 5　普通圆柱蜗杆

表 7 – 1　普通圆柱蜗杆的类型

普通圆柱蜗杆类型	示意图
阿基米德蜗杆（ZA 蜗杆）：蜗杆的齿面为阿基米德螺旋面，在轴向剖面上具有直线齿廓，端面齿廓为阿基米德螺旋线。加工时，车刀切削平面通过蜗杆轴线，如图所示。车削简单，但当导程角大时，加工不便，且难于磨削，不易保证加工精度。一般用于低速、轻载或不太重要的传动	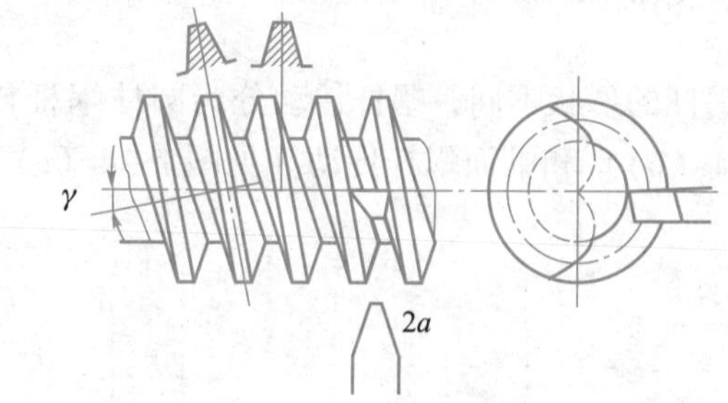 （a）单刀切削 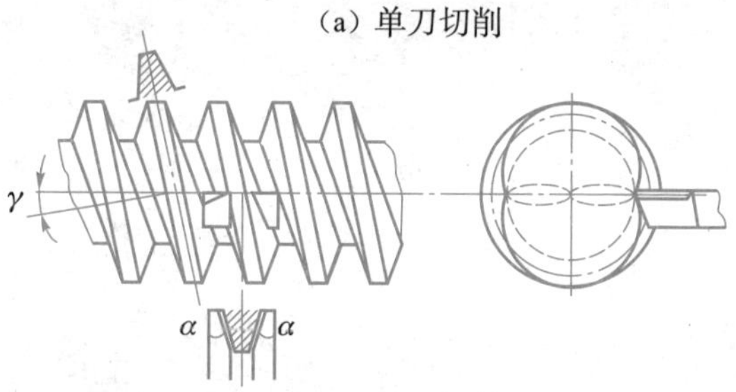 （b）双刀切削
渐开线圆柱蜗杆（ZI 蜗杆）：蜗杆齿面为渐开螺旋面，端面齿廓为渐开线。加工时，车刀刀刃平面与基圆相切。可以磨削，易保证加工精度。一般用于蜗杆头数较多、转速较高和较精密的传动	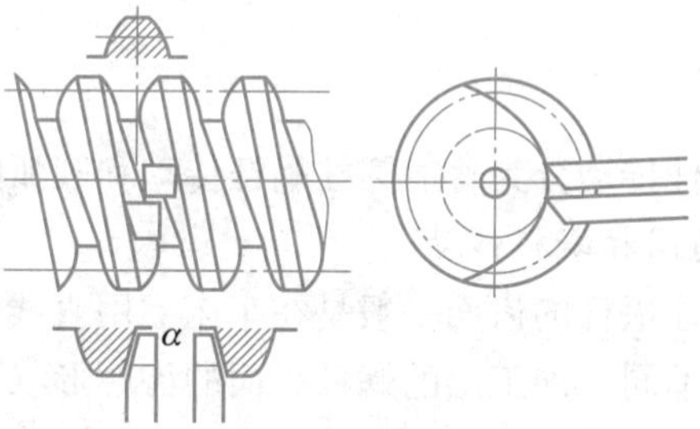
法向直廓圆柱蜗杆（ZN 蜗杆）：蜗杆的端面齿廓为延伸渐开线，法面齿廓为直线。车削时车刀刀刃平面置于螺旋线的法面上，加工简单，可用砂轮磨削，常用于多头精密蜗杆传动	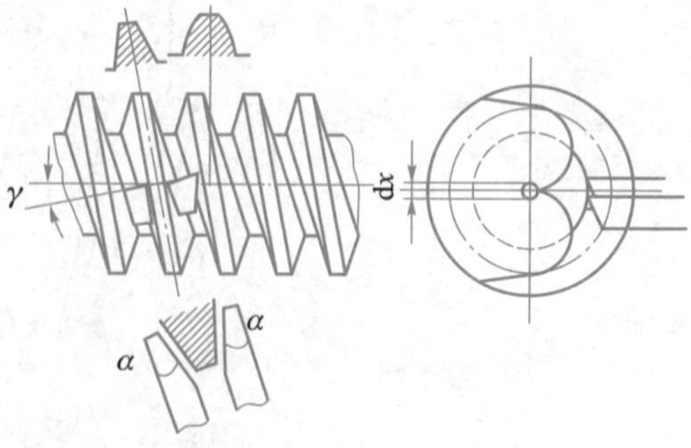

普通圆柱蜗杆类型	示意图
锥面包络圆柱蜗杆（ZK 蜗杆）：是一种非线性螺旋齿面蜗杆，加工时，采用盘状铣刀或砂轮放置在蜗杆齿槽的法向面内，由刀具锥面包络而成。切削和磨削容易，易获得高精度。目前应用广泛	2α 近似于阿基米德螺线 γ

2. 圆弧圆柱蜗杆传动

圆弧圆柱蜗杆传动（ZC 蜗杆）与普通圆柱蜗杆传动的区别是加工用的车刀为圆弧刀刃。圆弧圆柱蜗杆的齿形分为两种：其一是蜗杆轴向剖面为圆弧形齿廓，用圆弧形车刀加工，切削时，刀刃平面通过蜗杆轴线。另一种蜗杆用轴向剖面为圆弧的环面砂轮，装置在蜗杆螺旋线的法面内，由砂轮面包络而成，可获得很高的精度，我国正推广后者。

圆弧圆柱蜗杆传动，在中间平面上蜗杆的齿廓为内凹弧形，与之相配的蜗轮齿廓则为凸弧形，是一种凹凸弧齿廓相啮合的传动，综合曲率半径大，承载能力高，一般较普通圆柱蜗杆传动高 50% ~ 150%；同时，由于瞬时接触线与滑动速度交角大，有利于啮合面间的油膜形成，摩擦小，传动效率高，一般可达 90% 以上；能磨削，精度高。广泛应用于冶金、矿山、化工、起重运输等机械中。

通过以上"相关知识"的学习，想一想：什么样的工作条件可以选择蜗杆传动？蜗杆传动的类型很多，图 7 - 1 所示的蜗杆减速器中，选择哪种类型的蜗杆传动比较合理？

蜗杆传动适用的工作场合。	图 7 - 1 所示的蜗杆减速器中，选择哪种类型的蜗杆传动比较合理？

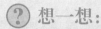

步骤二 蜗杆传动的基本参数和几何尺寸

？想一想：

　　阅读如下"相关知识"，想一想：蜗杆传动的基本参数包括哪些？这些参数如何选择？

相关知识

一、蜗杆传动的基本参数及其选择

　　通过蜗杆轴线且垂直于蜗轮轴线的平面，称为中间平面，如图7-6所示。在中间平面上，蜗杆与蜗轮的啮合相当于齿条与齿轮的啮合传动。在设计蜗杆传动时，取此平面内的参数和尺寸作为计算基准。

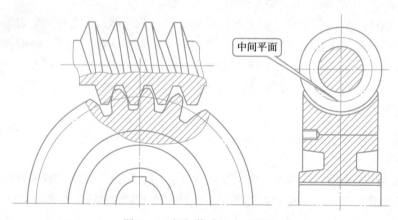

图7-6　蜗杆传动的中间平面

　　蜗杆传动的基本参数如下。

　　1. 模数 m 和压力角 α

　　和齿轮传动一样，蜗杆传动的几何尺寸也以模数为主要计算参数。在中间平面中，为保证蜗杆蜗轮传动的正确啮合，蜗杆的轴向模数 m_{x_1} 和压力角 α_{x_1} 应分别等于蜗轮的端面模数 m_{t_2} 和压力角 α_{t_2}，且等于标准值，即：

$$m_{x_1} = m_{t_2} = m$$
$$\alpha_{x_1} = \alpha_{t_2} = \alpha = 20°$$

　　2. 蜗杆的分度圆直径 d_1 和直径系数 q

　　为了保证蜗杆与蜗轮的正确啮合，要用与蜗杆尺寸相同的滚刀来加工蜗轮。由于相同的模数，可以有许多不同的蜗杆直径，这样就造成要配备很多的蜗轮滚刀，以适应不同的蜗杆直径。显然，这样很不经济。为了减少蜗轮滚刀的个数和便于滚刀的标准化，就对每一标准

的模数规定了一定数量的蜗杆分度圆直径 d_1，而把分度圆直径和模数的比称为蜗杆直径系数 q，即：

$$q = \frac{d_1}{m} \qquad (7-1)$$

常用的标准模数 m 和蜗杆分度圆直径 d_1 及蜗杆的直径系数 q 见表 $7-2$。

表 $7-2$　圆柱蜗杆的基本尺寸和参数

m/mm	d_1/mm	z_1	q	$m^2 d_1/\text{mm}^3$
1	18	1	18.000	18
1.25	20	1	16.000	31.25
1.6	20	1, 2, 4	12.500	51.2
2	22.4	1, 2, 4, 6	11.200	89.6
2.5	28	1, 2, 4, 6	11.200	175
3.15	35.5	1, 2, 4, 6	11.270	352
4	40	1, 2, 4, 6	10.000	640
5	50	1, 2, 4, 6	10.000	1 250
6.3	63	1, 2, 4, 6	10.000	2 500
8	80	1, 2, 4, 6	10.000	5 120
10	90	1, 2, 4, 6	9.000	9 000
12.5	112	1, 2, 4	8.960	17 500
16	140	1, 2, 4	8.750	35 840
20	160	1, 2, 4	8.000	64 000
25	200	1, 2, 4	8.000	125 000

注：本表摘自 GB/T 10085—1988，本表所选的 d_1 为国际规定的优先使用值。

3. 蜗杆头数 z_1 和蜗轮齿数 z_2

蜗杆头数即为蜗杆螺旋线的数目。可根据要求的传动比和效率来选择，一般取 $z_1 = 1 \sim 10$，推荐 $z_1 = 1$、2、4、6。

选择的原则是：当要求传动比较大或要求传递大的转矩时，则 z_1 取小值；要求传动自锁时取 $z_1 = 1$；当要求具有高的传动效率或高速传动时，则 z_1 取较大值。

蜗轮齿数的多少，影响运转的平稳性，并受到两个限制：最少齿数应避免发生根切与干涉，理论上应使 $z_{2\min} \geq 17$，但 $z_2 < 26$ 时，啮合区显著减小，影响平稳性，而在 $z_2 \geq 30$ 时，

则可始终保持有两对齿以上啮合，因此通常规定 $z_2 > 28$。另一方面 z_2 也不能过多，当 $z_2 > 80$ 时（对于动力传动），蜗轮直径将增大过多，在结构上相应就须增大蜗杆两支承点间的跨距，影响蜗杆轴的刚度和啮合精度。对一定直径的蜗轮，如 z_2 取得过多，模数 m 就减小很多，将影响轮齿的弯曲强度。所以对于动力传动，常用的范围为 $z_2 \approx 28 \sim 70$。对于传递运动的传动，z_2 可达 200、300，甚至可到 1 000。z_1 和 z_2 的推荐值见表 7 – 3。

表 7 – 3　蜗杆头数 z_1、蜗轮齿数 z_2 的推荐值

传动比 $i = \dfrac{z_2}{z_1}$	z_1	z_2
≈ 5	6	$29 \sim 31$
$7 \sim 15$	4	$29 \sim 61$
$14 \sim 30$	2	$29 \sim 61$
$29 \sim 82$	1	$29 \sim 82$

4. 导程角 γ

蜗杆的分度圆直径 d_1 和蜗杆直径系数 q 选定后，蜗杆分度圆上的导程角也就确定了。将蜗杆分度圆柱螺旋线展开成为如图 7 – 7 所示的直角三角形的斜边。对于多头蜗杆，$p_z = z_1 p_{x_1}$ 为蜗杆的轴向齿距。蜗杆分度圆柱导程角为：

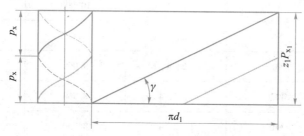

图 7 – 7　蜗杆分度圆上的导程角

$$\tan\gamma = \frac{z_1 p_{x_1}}{\pi d_1} = \frac{z_1 \pi m}{\pi d_1} = \frac{z_1 m}{d_1} = \frac{z_1}{q} \tag{7 – 2}$$

蜗杆传动的效率与导程角有关，导程角大，传动效率高；导程角小，传动效率低。当作动力传动时，要求效率高，导程角应取大些，通常取 $15° \sim 30°$。

5. 传动比 i

蜗杆传动的传动比等于主动的蜗杆（蜗轮）的转速 n_1 与从动的蜗轮（蜗杆）的转速 n_2 之比，当蜗杆为主动件时，也等于蜗轮与蜗杆的齿数比，即：

$$i = \frac{n_1}{n_2} = \frac{z_2}{z_1} \tag{7 – 3}$$

6. 中心距 a

蜗杆传动的标准中心距 a 为：

$$a = \frac{d_1 + d_2}{2} = \frac{m(q + z_2)}{2} \qquad (7-4)$$

二、普通圆柱蜗杆传动的几何尺寸

圆柱蜗杆传动的几何尺寸及其计算公式见表7-4。

表7-4 圆柱蜗杆传动的几何尺寸计算

名称	计算公式	
	蜗杆	蜗轮
分度圆直径	$d_1 = mq$	$d_2 = mz_2$
齿顶高	$h_a = m$	$h_a = m$
齿根高	$h_f = 1.2m$	$h_f = 1.2m$
齿顶圆直径	$d_{a_1} = m(q+2)$	$d_{a_2} = m(z_2+2)$
齿根圆直径	$d_{f_1} = m(q-2.4)$	$d_{f_2} = m(z_2-2.4)$
顶隙	$c = 0.2m$	
中心距	$a = 0.5m(q+z_2)$	
蜗杆轴面齿距，蜗轮端面齿距	$p_{x_1} = p_{t_2} = \pi m$	

蜗杆传动的正确啮合条件如下：

1. 在中间平面内，蜗杆的轴面模数 m_{x_1} 与蜗轮的端面模数 m_{t_2} 必须相等；

2. 蜗杆的轴向压力角 α_{x_1} 与蜗轮的端面压力角 α_{t_2} 相等；

3. 两轴线交错角为90°时，蜗杆分度圆柱上的导程角 γ 应等于蜗轮分度圆柱上的螺旋角 β，且两者的旋向相同。

做一做

通过对以上"相关知识"的学习，思考蜗杆传动的基本参数包括哪些？这些参数如何选择？

蜗杆传动的基本参数包括哪些？这些参数如何选择？	

步骤三　蜗杆传动设计基础

 想一想：

　　阅读如下"相关知识"，想一想：蜗杆传动的常见失效形式有哪些？根据这些失效形式确定的设计准则内容是什么？蜗杆与蜗轮的结构形式如何选择？

相关知识

一、蜗杆传动的失效形式和设计准则

　　在蜗杆传动中，由于材料和结构的原因，蜗杆轮齿的强度高于蜗轮轮齿的强度，失效常常发生在蜗轮的轮齿上，所以只对蜗轮轮齿进行强度计算。蜗杆传动的失效形式与齿轮传动一样，包括齿面点蚀、齿面胶合、齿根折断、磨损。但蜗杆传动的胶合、磨损现象比齿轮传动要严重，这是因为蜗杆传动轮齿齿面间有较大的滑动速度，温度升高，从而增加了轮齿胶合和磨损的可能性，当润滑条件不好时，极易出现胶合现象。

　　开式传动中主要失效形式是齿面磨损和轮齿折断，要按齿根弯曲疲劳强度进行设计。

　　闭式传动中主要失效形式是齿面胶合或点蚀。要按齿面接触疲劳强度进行设计，而按齿根弯曲疲劳强度进行校核。此外，闭式蜗杆传动，由于散热较为困难，还应做热平衡核算。

二、蜗杆蜗轮的常用材料

　　对蜗杆和蜗轮材料的要求：减摩、耐磨性好、抗胶合能力强。

　　1. 蜗杆材料

　　蜗杆一般用碳素钢或合金钢制造。对于高速重载的蜗杆，可用 15Cr、20Cr、20CrMnTi 和 20MnVB 钢等，经渗碳淬火至硬度为 56 ~ 63HRC，也可用 40、45、40Cr、40CrNi 钢等经表面淬火至硬度为 45 ~ 50HRC。对于不太重要的传动及低速中载蜗杆，常用 45、40 钢经调质或正火处理，硬度为 220 ~ 230HBW。

　　2. 蜗轮材料

　　蜗轮常用锡青铜、无锡青铜或铸铁制造。按相对滑动速度 v_s 来选取。

　　① $v_s \leqslant 2$ m/s：灰铸铁，用于低速、轻载或不重要的传动；

　　② $v_s \leqslant 4$ m/s：无锡青铜，用于速度较低的传动；

　　③ $v_s \leqslant 25$ m/s：锡青铜，减摩、耐磨性好，抗胶合能力强，价格较贵，用于高速或重要传动。

三、蜗杆和蜗轮的结构

1．蜗杆的结构

蜗杆一般与轴制成一体，称为蜗杆轴，如图 7-8 所示，可车削加工，也可铣削加工。

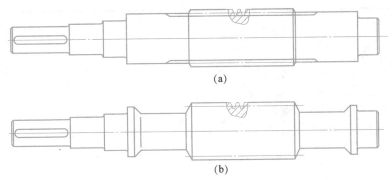

(a)

(b)

图 7-8　蜗杆的结构

（a）齿根圆直径小于轴径，加工螺旋部分时只能铣削加工；

（b）齿根圆直径大于轴径，螺旋部分可车削，也可铣削加工

2．蜗轮的结构

（1）整体式

如图 7-9（a）所示，适用于直径小于 100 mm 的青铜蜗轮和任意直径的铸铁蜗轮。

（2）齿圈式

如图 7-9（b）所示，由青铜轮缘和铸铁轮芯组成。青铜轮缘与铸铁轮芯通常采用 H7/r6 配合。这种结构多用于尺寸不大或工作温度变化小的场合。

（3）镶铸式

如图 7-9（c）所示，由青铜轮缘和铸铁轮芯组成。青铜轮缘镶铸在铸铁轮芯上，并在铸铁轮芯上预制出凸键，以防滑动。这种结构适用于大批量生产的蜗轮。

（4）螺栓连接式

如图 7-9（d）所示，由青铜轮缘和铸铁轮芯组成。青铜轮缘与铸铁轮芯用普通螺栓或铰制孔用螺栓连接。螺栓尺寸和数量按剪切计算确定。这种结构装拆方便，多用于尺寸较大或磨损后需要更换蜗轮轮缘的场合。

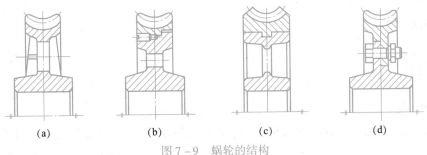

(a)　　　　　(b)　　　　　(c)　　　　　(d)

图 7-9　蜗轮的结构

（a）整体式；（b）齿圈式；（c）镶铸式；（d）螺栓连接式

通过对以上"相关知识"的学习，想一想：蜗杆传动的常见失效形式有哪些？根据这些失效形式确定的设计准则内容是什么？如何选择蜗轮的结构形式？

1. 蜗杆传动的常见失效形式有哪些？根据这些失效形式确定的设计准则内容是什么？	
2. 如何选择蜗轮的结构形式？	

步骤四　蜗杆传动的强度计算

想一想：

阅读如下"相关知识"，想一想：蜗杆传动工作时所受的轴向力如何判断？蜗杆传动的强度计算为什么只针对蜗轮进行？

相关知识

一、蜗杆传动的受力分析

1. 力的大小

蜗杆传动的受力与斜齿圆柱齿轮相似。齿面上的法向力 F_n 可分解为 3 个互相垂直的分力：圆周力 F_t、径向力 F_r 和轴向力 F_a。如图 7-10 所示，由于蜗杆与蜗轮交错成 90°，所以蜗杆的圆周力 F_{t_1} 与蜗轮的轴向力 F_{a_2}，蜗杆的轴向力 F_{a_1} 和蜗轮的圆周力 F_{t_2} 等值反向。蜗杆的径向力 F_{r_1} 和蜗轮的径向力 F_{r_1} 恰为一对作用力和反作用力，即：

$$F_{t_1} = -F_{a_2} = \frac{2T_1}{d_1}$$

$$F_{a_1} = -F_{t_2} = \frac{2T_2}{d_2} \quad (7-5)$$

$$F_{r_1} = -F_{r_2} = F_{t_2}\tan\alpha$$

T_1、T_2 分别为作用在蜗杆和蜗轮上的转矩：

$$T_2 = T_1 i\eta \quad (7-6)$$

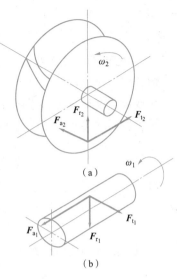

2. 力的方向

蜗杆圆周力 F_{t_1} 是阻力，方向与蜗杆转动方向相反，蜗轮圆周力 F_{t_2} 与其回转方向相同；两径向力 F_{r_1} 和 F_{r_2} 分别指向各自的轮心；蜗杆轴向力 F_{a_1} 的方向根据蜗杆的螺旋线旋向和回转方向，应用左、右手定则来确定，即蜗杆是左旋时用左手，蜗杆是右旋时用右手。四指弯曲顺着蜗杆旋向，大拇指指向就是蜗杆轴向力的方向。

图 7-10　蜗杆与蜗轮的受力分析

多了解一点

1. 蜗杆按螺旋线方向分右旋蜗杆和左旋蜗杆

右旋蜗杆与左旋蜗杆如图 7-11 所示。

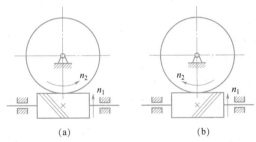

图 7-11　右旋蜗杆与左旋蜗杆

（a）右旋蜗杆；（b）左旋蜗杆

2. 蜗轮回转方向的判断

根据蜗杆的转向和螺旋线的方向来判断蜗轮的回转方向：右旋蜗杆用右手，左旋蜗杆用左手，使四指弯曲的方向与蜗杆转向一致，此时拇指的反方向即为蜗轮啮合线处的速度方向，即为蜗轮的转向，如图 7-12 所示。

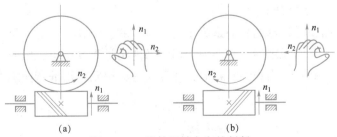

图 7-12　蜗轮回转方向的判断

（a）右旋蜗杆：右手定则；（b）左旋蜗杆：左手定则

二、蜗杆传动的强度计算

1. 蜗轮齿面的接触疲劳强度计算

蜗轮齿面接触疲劳强度计算的目的是为了防止齿面产生疲劳点蚀和发生胶合。蜗轮齿面的接触疲劳强度计算与斜齿圆柱齿轮相似,以赫兹应力公式为基础。

蜗轮齿面的接触疲劳强度的设计公式为:

$$m^2 d_1 \geq \left(\frac{480}{z_2 [\sigma_H]} \right)^2 K T_2 \tag{7-7}$$

校核公式:

$$\sigma_H = 480 \sqrt{\frac{K T_2}{m^2 d_1 z_2^2}} \leq [\sigma_H] \tag{7-8}$$

青铜、铝青铜及铸铁蜗轮的许用接触应力见表7-5和表7-6。

表7-5 青铜蜗轮的许用接触应力 $[\sigma_H]$ MPa

蜗轮材料	铸造方法	适用滑动速度 $v_s/$ (m·s^{-1})	蜗杆齿面硬度	
			≤350HBW	>45HRC
ZCuSn10Pb1	砂型	≤12	180	200
	金属型	≤25	200	220
ZCuSn5Pb5Zn5	砂型	≤10	110	125
	金属型	≤12	135	150

表7-6 铝青铜及铸铁蜗轮的许用接触应力 $[\sigma_H]$ MPa

蜗轮材料	蜗杆材料	滑动速度 $v_s/$ (m·s^{-1})						
		0.5	1	2	3	4	6	8
ZCuAl10Fe3	淬火钢	250	230	210	180	160	120	90
HT150、HT200	渗碳钢	130	115	90	—	—	—	—
HT150	调质钢	110	90	70	—	—	—	—

2. 蜗轮轮齿弯曲强度计算

蜗轮轮齿的弯曲强度计算的目的是为了防止轮齿的折断和轮齿的过早磨损。由蜗轮轮齿接触强度和热平衡计算所限定的承载能力,通常都能满足强度要求,因此只有对于受强烈冲击、振动的传动,或蜗轮采用脆性材料时,才需要考虑蜗轮轮齿的弯曲强度。

设计公式:

$$m^2 d_1 \geq \frac{1.64 K T_2}{z_2 [\sigma_F]} Y_F Y_\beta \tag{7-9}$$

校核公式:

$$\sigma_F = \frac{1.64KT_2}{d_1d_2m}Y_FY_\beta \leqslant [\sigma_H] \qquad (7-10)$$

通过对以上"相关知识"的学习,想一想:蜗杆传动工作时所受轴向力如何判断?蜗杆传动的强度计算为什么只针对蜗轮进行?

1. 蜗杆传动工作时所受轴向力如何判断?	
2. 蜗杆传动的强度计算为什么只针对蜗轮进行?	

步骤五 蜗杆传动的效率、润滑和热平衡计算

 想一想:

阅读如下"相关知识",想一想:蜗杆传动的效率包括哪几部分?设计时主要考虑哪种效率?为什么要对蜗杆传动进行热平衡计算?

 相关知识

一、蜗杆传动的效率

闭式蜗杆传动的总效率通常包括3部分:轮齿啮合齿面间摩擦损失时的效率;零件搅动润滑油时的溅油损耗效率;轴承摩擦损失时的效率。其中溅油损耗和轴承摩擦这两项的功率损失不大,因此主要考虑轮齿啮合齿面间摩擦损失时的效率。

闭式蜗杆传动的总效率为:

$$\eta = \eta_1\eta_2\eta_3 \qquad (7-11)$$

式中,η_1——考虑轮齿啮合损失的效率;

η_2——溅油损耗的效率;

η_3——轴承摩擦损失的效率。

其中,

$$\eta_1 = \frac{\tan\lambda}{\tan(\lambda + \rho_v)} \tag{7-12}$$

通常取 $\eta_2\eta_3 = 0.95 \sim 0.97$,则蜗杆为主动件时,蜗杆传动的总效率为:

$$\eta = (0.95 \sim 0.97)\frac{\tan\lambda}{\tan(\lambda + \rho_v)} \tag{7-13}$$

式中,λ——蜗杆的螺旋升角(导程角);

ρ_v——为当量摩擦角,与蜗杆传动的材料、表面硬度和滑动速度有关,见表7-7。

估计蜗杆传动的总效率时,可取表7-8的数值。

表7-7 当量摩擦角 ρ_v

蜗轮材料	锡青铜		无锡青铜	灰铸铁	
蜗杆齿面硬度	≥45HRC	<45HRC	≥45HRC	≥45HRC	<45HRC
滑动速度 $v_s/$ (m·s^{-1})	ρ_v				
0.01	6°17′	6°51′	10°12′	10°12′	10°45′
0.10	4°34′	5°09′	7°24′	7°24′	7°58′
0.50	3°09′	3°43′	5°09′	5°09′	5°43′
1.00	2°35′	3°09′	4°00′	4°00′	5°09′
2.00	2°00′	2°35′	3°09′	3°09′	4°00′
5.00	1°16′	1°40′	2°00′	—	—
8.00	1°02′	1°29′	1°43′	—	—
10.00	0°55′	1°22′	—	—	—
15.00	0°48′	1°09′	—	—	—
24.00	0°45′	—	—	—	—

表7-8 蜗杆传动的效率

闭式传动	$z_1 = 1$	$\eta = 0.70 \sim 0.75$
	$z_1 = 2$	$\eta = 0.75 \sim 0.82$
	$z_1 = 4$	$\eta = 0.82 \sim 0.92$
开式传动	$z_1 = 1, 2$	$\eta = 0.60 \sim 0.70$

二、蜗杆传动的润滑

蜗杆传动润滑能提高传动效率,还可以减轻轮齿磨损,防止胶合。为了防止传动中金属直接接触，通常采用黏度较大的润滑油，这样有利于形成动压油膜，从而减少磨损、缓和冲击，使传动平稳，以利于提高传动效率和蜗轮及蜗杆的寿命。开式蜗杆传动常用定期加润滑剂的润滑方法。闭式蜗杆传动的润滑油黏度和润滑方法一般根据齿面间相对滑动速度、载荷类型等进行选择，见表 7-9。

表 7-9 蜗杆传动的润滑油黏度推荐值及润滑方法

滑动速度	0 ~ 1	0 ~ 2.5	0 ~ 5	>5 ~ 10	>10 ~ 15	>15 ~ 25	>25
工作条件	重载	重载	中载	—	—	—	—
运动黏度	900	500	350	220	150	100	80
进油方法	油池润滑			油池润滑或 喷油润滑	压力喷油润滑及其压力/MPa		
					0.7	2	3

三、蜗杆传动的热平衡计算

蜗杆传动由于效率低，所以发热量大，在闭式蜗杆传动中，如果散热不好，会因油温不断升高而使润滑油稀释，从而增大摩擦损失，甚至发生胶合。因此，要对闭式蜗杆传动进行热平衡计算，以保证油温稳定地处于规定的范围内。

在闭式蜗杆传动中，热量由箱体散逸，要求箱体内的油温 t 和周围空气温度 t_0 之差 Δt 不超过允许值，即：

$$\Delta t = t - t_0 = \frac{1\,000 P_1 (1 - \eta)}{\alpha_s A} \leqslant [\Delta t] \qquad (7-14)$$

式中，P_1——蜗杆传递功率，kW；

α_s——表面传热系数，通常取 $\alpha_s =$（12 ~ 18）W/（m^2 · ℃）；

A——散热面积；

t_0——周围空气温度，通常取 20℃；

t——热平衡时润滑油的温度，一般为 60℃ ~ 70℃，最高不超过 80℃。

多了解一点

在进行蜗杆热平衡计算时，若计算的温差超过允许值，可采取以下措施来改善散热条件。

① 在箱体外表面加散热片以增加散热面积；

② 在蜗杆轴端加装风扇，加快空气流通；

③ 在箱内设置蛇形循环冷却水管；

④ 采用循环油冷却。

做一做

通过以上"相关知识"的学习，想一想：蜗杆传动的效率包括哪几部分？设计时主要考虑哪种效率？为什么要对蜗杆传动进行热平衡计算？

1. 蜗杆传动的效率包括哪几部分？设计时主要考虑哪种效率？	
2. 为什么要对蜗杆传动进行热平衡计算？	

步骤六　单级圆柱蜗杆减速器中的蜗杆传动设计

? **想一想：**

设计由一电动机驱动的单级圆柱蜗杆减速器中的蜗杆传动，如图 7 – 13 所示，电动机功率 $P = 4.5$ kW，转速 $n = 960$ r/min，传动比 $i = 20$，载荷平稳，单向回转。

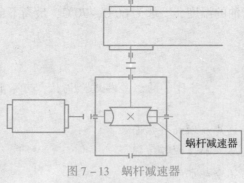

图 7 – 13　蜗杆减速器

设计计算内容	结果
1. 选择材料，确定其许用应力 蜗杆用 45 钢，表面淬火，硬度为 45～50HRC，蜗轮用 ZCuSn10Pb1，砂型铸造。由表 7-5 查得 $[\sigma_H] = 200$ MPa	$[\sigma_H] = 200$ MPa
2. 选择蜗杆头数、蜗轮齿数 由传动比 $i = 20$，查表 7-3，选取 $z_1 = 2$，则 $z_2 = iz_1 = 20 \times 2 = 40$	$z_1 = 2$ $z_2 = 40$
3. 按蜗轮齿面接触疲劳强度进行设计 ①确定作用在蜗轮上的转矩 T_2。 $$n_2 = \frac{n_1}{i} = \frac{960}{20} = 48 \ (\text{r/min})$$ $$T_2 = 9.55 \times 10^6 \frac{P_2}{n_2} = 9.55 \times 10^6 \frac{P_1}{n_1} i\eta$$ $$= 9.55 \times 10^6 \times \frac{4.5}{960} \times 20 \times 0.8 = 716\,250 \ (\text{N} \cdot \text{mm})$$ ②确定载荷系数 K，因载荷平稳，速度较低，取 $K = 1.1$。 ③进行设计，由式（7-7）得 $$m^2 d_1 \geqslant \left(\frac{480}{z_2 [\sigma_H]}\right)^2 KT_2 = \left(\frac{480}{40 \times 200}\right)^2 \times 1.1 \times 716\,250 = 2\,836.35$$ 由表 7-2，取 $m = 6.3$mm，$d_1 = 63$mm。 ④计算主要几何尺寸： 蜗杆分度圆直径 $d_1 = 63$mm 蜗轮分度圆直径 $d_2 = mz_2 = 6.3 \times 40 = 252$（mm） 中心距 $a = \frac{1}{2}(d_1 + d_2) = 0.5 \times (63 + 252) = 157.5$（mm）	$T_2 = 716\,250$ N·mm $d_1 = 63$ mm $d_2 = 252$ mm $a = 157.5$ mm
4. 热平衡计算 取室温 $t_0 = 20$℃，$t = 70$℃，$\alpha_s = 15$W/（m²·℃），效率 $\eta = 0.8$，由式（7-14）得 $$A \geqslant \frac{1\,000 P_1 (1 - \eta)}{\alpha_s (t - t_0)} = \frac{1\,000 \times 3 \times (1 - 0.8)}{15 \times (70 - 20)} = 0.8 \ (\text{m}^2)$$ 即设计箱体时，应保证散热面积大于 0.8 m²。	设计箱体时，应保证散热面积大于 0.8 m²
5. 其他几何尺寸计算	略
6. 绘制蜗杆和蜗轮的零件工作图	略

任务拓展训练（学习工作单）

任务名称	蜗杆传动设计		日期		
组长		班级		小组其他成员	
实施地点					
实施条件					
任务描述	设计一闭式蜗杆传动，已知蜗杆传动的输入功率 $P = 5.5$ kW，转速 $n = 1\,440$ r/min，传动比 $i = 22$，载荷平稳，单向回转				
任务分析					
任务实施步骤					
评价					

评价细则	专业能力	基础知识掌握	素质能力	正确查阅相关资料
		实际工况分析		严谨的工作态度
		设计步骤完整		语言表达能力
		设计结果合理		小组配合默契，团结协作
	成绩			

巩固练习

一、思考题

1. 什么情况下采用蜗杆传动？为什么传递大功率时很少采用蜗杆传动？

2. 蜗杆传动正确啮合的条件是什么？

3. 什么叫蜗杆直径系数，为什么要引入蜗杆直径系数？

4. 蜗杆传动的失效形式有哪些？说明其设计准则。

5. 为什么要对蜗杆传动进行热平衡计算？当热平衡不满足要求时，可采取什么措施？

6. 常用的蜗杆、蜗轮的材料有哪些？设计时如何选择材料？

二、选择题

1. 单头蜗杆传动，蜗杆旋转一周，蜗轮转过（　　）个齿距。

A. 1　　　　　　　B. 2　　　　　　　C. 3　　　　　　　D. 4

2. 以下关于蜗杆传动的说法正确的是（　　）。

A. 冲击载荷大　　　　　　　　B. 磨损小

C. 自锁时效率高　　　　　　　D. 传动比大

3. 蜗杆传动润滑和散热不好时极易出现（　　）现象。

A. 齿面点蚀　　　B. 齿根折断　　　C. 塑性变形　　　D. 齿面胶合

4. 在蜗杆传动中，当其他条件相同时，增加蜗杆直径系数 q，将使传动效率（　　）。

A. 提高　　　B. 减小　　　C. 不变　　　D. 增大也可能减小

5. 蜗杆常用材料是（　　）。

A. 40Cr　　　B. GCr15　　　C. ZCuSn10P1　　　D. LY12

6. 蜗轮常用材料是（　　）。

A. 40Cr　　　B. GCr15　　　C. ZCuSn10P1　　　D. LY12

7. 闭式蜗杆传动的主要失效形式是（　　）。

A. 蜗杆断裂　　　　　　　　B. 蜗轮轮齿折断

C. 磨粒磨损　　　　　　　　D. 胶合、疲劳点蚀

8. 一蜗杆传动 $a = 75$ mm，$d_2 = 120$ mm，$m_2 = 3$ mm，$z_1 = 2$，则 $q =$（　　）。

A. 8　　　B. 10　　　C. 12　　　D. 6

三、分析设计题

1. 如图 7 – 14 所示的蜗杆传动，$T_1 = 20$ N · m，$m = 4$ mm，$z_1 = 2$，$d_1 = 50$ mm，蜗轮齿数 $z_2 = 50$，传动的啮合效率 $\eta = 0.75$，试确定：

① 蜗轮的转向；

② 蜗杆与蜗轮上作用力的大小和方向。

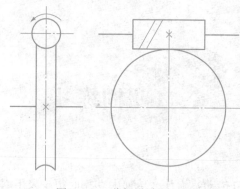

图 7 - 14   分析设计题 1 图

2. 如图 7 - 15 所示的蜗杆传动，已知蜗杆的螺旋线旋向和回转方向，试求：

① 蜗轮转向。

② 标出节点处作用于蜗杆和蜗轮上的 3 个分力的方向。

③ 如图 7 - 15 所示的蜗杆传动，蜗杆为主动件。若已知蜗杆转矩 $T_1 = 2\,000\text{N} \cdot \text{mm}$，$m = 4\text{ mm}$，$d_1 = 40\text{ mm}$，$z_1 = 46$，$\alpha = 20°$，传动效率 $\eta = 0.75$。求节点处 3 个作用力的大小。

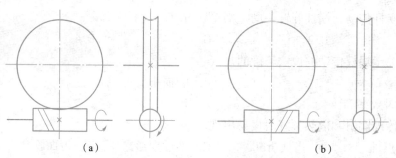

（a）   （b）

图 7 - 15   分析设计题 2 图

3. 设计一闭式普通圆柱蜗杆传动，已知蜗杆传动的输入功率 $P_1 = 7\text{ kW}$，蜗杆转速 $n_1 = 1\,200\text{ r/min}$，传动比 $i = 20$，箱体周围空气为常温，通风良好，载荷平稳，连续单向运转。

任务 8 轮 系

任务目标

【知识目标】

◇ 了解轮系的组成、分类及各种轮系的特点；
◇ 掌握定轴轮系及周转轮系传动比的计算；
◇ 掌握复合轮系传动比的计算；
◇ 了解各种轮系的应用。

【能力目标】

◇ 能够分析机器设备中变速系统的工作情况；
◇ 学会查阅工具书或手册。

【职业目标】

◇ 分析问题、解决问题的能力；
◇ 严谨的工作态度。

任务描述

汽车在行驶过程中有几种向前行驶和一种后退的速度，这种变速和变向是通过汽车变速箱的传动系统来实现的。图 8-1 所示为汽车变速箱的传动图，分析此轮系的类型（定轴轮系、周转轮系、复合轮系）。若已知：$z_1 = 15$，$z_2 = 50$，$z_3 = 40$，$z_4 = 25$，$z_5 = 35$，$z_6 = 30$，$z_7 = 10$，$z_8 = 8$，均为标准齿轮传动。轴 I 的输入转速为 $n_1 = 1\,450$ r/min，求轮系的传动比，及输出轴 II 的 4 挡输出转速 n。

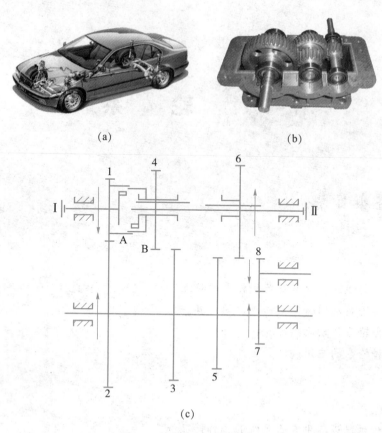

图 8-1 汽车变速箱传动图

(a) 汽车；(b) 汽车变速箱；(c) 传动简图

 任务分析 》》》

图 8-1 所示为汽车变速箱的传动图，其中轴 I 为输入轴，轴 II 为输出轴。牙嵌式离合器的一半 A 与齿轮 1 固连在轴 I；另一半 B 与轴 II 相连，这类变速箱可获得 4 挡输出转速。第 1 挡：低速；第 2 挡：中速前进；第 3 挡：高速前进；第 4 挡：低速倒车。

要完成本任务需完成如下 4 步内容的学习。

学习任务分解
步骤一　轮系及其分类
步骤二　定轴轮系的传动比
步骤三　周转轮系与复合轮系
步骤四　轮系的应用

步骤一 轮系及其分类

想一想：

1. 差动轮系和行星轮系有何区别？

2. 图8-1所示汽车变速箱的传动系统属于哪种类型的轮系？

 相关知识

由一对相互啮合的齿轮构成的机构是齿轮传动中最简单的形式。在实际机械传动中，为了满足不同的工作要求，比如实现较远距离传动、大传动比传动、变速传动、变向传动、合成或分解运动等要求，实际机器中经常采用一系列互相啮合的齿轮机构，用来传递运动和动力，这种由一系列齿轮所组成的传动系统称为轮系。如果轮系中各齿轮的轴线互相平行，则称为平面轮系，否则称为空间轮系。

一、轮系的定义

用一系列互相啮合的齿轮将主动轴和从动轴连接起来，这种多齿轮的传动装置称为轮系。

二、轮系的类型

根据轮系运转时各齿轮的轴线在空间的位置是否固定，可将轮系分为以下几类。

1. 定轴轮系

轮系运转的过程中，轮系中所有齿轮几何轴线位置相对于固定件保持固定的轮系称为定轴轮系，如图8-2所示。

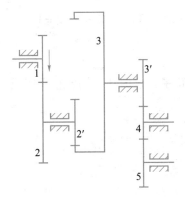

图8-2 定轴轮系

2. 周转轮系

组成轮系的各齿轮中至少一个齿轮的几何轴线绕另一齿轮轴线转动的轮系称为周转轮系，如图8-3所示。

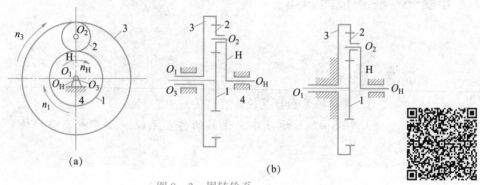

图8-3 周转轮系

(a) 差动轮系；(b) 行星轮系

(1) 周转轮系的组成

如图8-3所示的周转轮系中，齿轮1、3和H均绕自身的固定轴线O_1、O_3、O_H（三者重合）回转，而齿轮2除绕自身轴线O_2回转外（自传），同时还随H绕固定轴线O_H回转（公转）。在周转轮系中，轴线位置固定的轮1和轮3称为太阳轮；轴线位置变动的轮2称为行星轮；支撑行星轮运动的H称为行星架（转臂）。因此，周转轮系由一个行星架、一个（或多个）行星轮以及与行星轮相互啮合的数目不超过两个的太阳轮组成，并且行星架与太阳轮的几何轴线必须重合。

(2) 周转轮系的类型

按照周转轮系自由度的数目，可分为差动轮系和行星轮系。

① 差动轮系。如图8-3（a）所示，太阳轮1、3均能转动，$n=4$，$P_1=4$，$P_h=2$，其自由度F为

$$F = 3n - 2P_1 - P_h = 3 \times 4 - 2 \times 4 - 2 = 2$$

即需要两个原动件才能使轮系运动确定。

② 行星轮系。如图8-3（b）所示，太阳轮1能转动，$n=3$，$P_1=3$，$P_h=2$，其自由度F为

$$F = 3n - 2P_1 - P_h = 3 \times 3 - 2 \times 3 - 2 = 1$$

即需要一个原动件就能使轮系运动确定。

3. 复合轮系

轮系中既含有定轴轮系又含有周转轮系，或由几个周转轮系组成，则称为复合轮系，如图8-4所示。

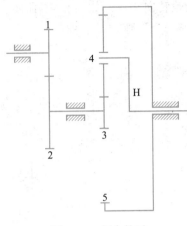

图 8 – 4 复合轮系

通过对以上"相关知识"的学习，想一想：差动轮系和行星轮系有何区别？图 8 – 1 所示汽车变速箱的传动系统属于哪种类型的轮系？

1. 差动轮系和行星轮系有何区别？	
2. 图 8 – 1 所示汽车变速箱的传动系统属于哪种类型的轮系？	

步骤二 定轴轮系的传动比

❓ 想一想：

1. 什么叫惰轮，它在轮系中有何作用？
2. 当图 8 – 1 汽车变速箱的传动系统处于第四挡低速倒车时，各从动轮的回转方向如何？

📖 相关知识

一、一对齿轮啮合的传动比

若已知齿轮 1 的旋转角速度为 ω_1，转速为 n_1，齿数为 z_1；齿轮 2 的旋转角速度为 ω_2，转速为 n_2，齿数为 z_2。则一对齿轮的传动比为 $i_{12} = \dfrac{\omega_1}{\omega_2} = \dfrac{n_1}{n_2} = \mp \dfrac{z_2}{z_1}$

其中外啮合取负号，表示主、从动轮转向相反，如图 8 – 5 所示；内啮合取正号，表示主、从动轮转向相同，如图 8 – 6 所示。

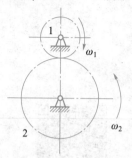

图 8 – 5　外啮合齿轮

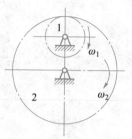

图 8 – 6　内啮合齿轮

二、定轴轮系的传动比

1. 定轴轮系传动比的计算公式

轮系的传动比是首轮（轮 1）和末轮（轮 N）角速度之比，用 i_{1N} 表示。

如图 8 – 2 所示，已知各轮齿数分别为 z_1、z_2、$z_{2'}$、z_3、$z_{3'}$、z_4、z_5，各轮转速分别为 n_1、n_2、$n_{2'}$、n_3、$n_{3'}$、n_4、n_5，设齿轮 1 为首轮，齿轮 5 为末轮，则组成轮系的各对齿轮的传动比为

$$i_{12} = \frac{n_1}{n_2} = -\frac{z_2}{z_1} \qquad i_{2'3} = \frac{n_{2'}}{n_3} = \frac{z_3}{z_{2'}} \qquad i_{3'4} = \frac{n_{3'}}{n_4} = -\frac{z_4}{z_{3'}} \qquad i_{45} = \frac{n_4}{n_5} = -\frac{z_5}{z_4}$$

其中，$n_2 = n_{2'}$，$n_3 = n_{3'}$，将以上各式两边连乘可得

$$i_{15} = \frac{n_1}{n_5} = \frac{n_1 n_{2'} n_{3'} n_4}{n_2 n_3 n_4 n_5} = (-1)^3 \frac{z_2 z_3 z_5}{z_1 z_{2'} z_{3'}}$$

此式说明定轴轮系的传动比等于组成该轮系的各对啮合齿轮传动比的连乘积，其大小等于轮系中所有从动齿轮齿数的乘积与主动齿轮齿数的乘积之比，即：

$$i_{1N} = \frac{n_1}{n_N} = (-1)^m \frac{\text{各从动齿轮齿数连乘积}}{\text{各主动齿轮齿数连乘积}} \qquad (8 – 1)$$

式中，N——齿轮数；

　　m——轮系中外啮合齿轮的对数。

2. 轮系中各从动轮转向的判定

（1）首末两轮轴线平行

当两轮转向相同时，在其传动比前加注 " + " 来表示；当两轮转向相反，则在其传动比前加注 " – " 来表示。

如果轮系中所有齿轮轴线是平行的，在传动比前加上 $(-1)^m$ 来确定首末两轮的转向关系。

如果中间有轴线不平行的情况，用画箭头的方法确定各轮转向，然后在传动比前加 "±" 表示转向关系。

（2）首末两轮轴线不平行

首末两轮轴线不平行时，仍旧可用式（8 – 1）计算其传动比，但只能在图上用标注箭

头的方法来确定它们的转向。

对于轴线不平行的空间齿轮传动，如锥齿轮传动、蜗轮蜗杆传动，式（8－1）同样适用，但各轮的转向只能用箭头在图中表示出来。如图8－7所示的圆锥齿轮传动，表明一对齿轮转向的箭头或同时指向节点或同时背离节点；如图8－8所示的蜗轮蜗杆传动，应根据蜗杆的转向和螺旋线的方向用以下方法确定蜗轮的转向：右旋蜗杆用右手，左旋蜗杆用左手，使四指的弯曲方向与蜗杆转向一致，此时拇指的反向即为蜗轮啮合处线速度的方向，由此即可决定蜗轮的转向。

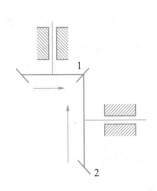

图8－7 锥齿轮传动

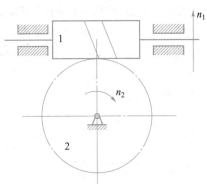

图8－8 蜗轮蜗杆传动

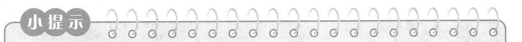

小提示

惰轮：其齿数对轮系传动比的大小没有影响，但可改变轮系中从动轮的回转方向，图8－1中的齿轮8就是惰轮，其作用是改变了输出轴Ⅱ的转向。

【例1】：如图8－9所示的定轴轮系，设已知 $z_1 = 15$，$z_2 = 25$，$z_{2'} = 14$，$z_3 = 20$，$z_4 = 14$，$z_{4'} = 20$，$z_5 = 30$，$z_6 = 40$，$z_{6'} = 2$，$z_7 = 60$，均为标准齿轮传动。若已知轮1的转速为 $n_1 = 200$ r/min，从 A 向看为顺时针转动，试求轮7的转速 n_7 及转动方向。

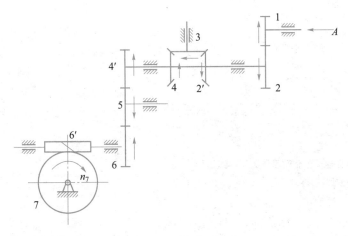

图8－9 例1图

解： ① 计算该轮系的传动比。

$$i_{17} = \frac{n_1}{n_7} = \frac{z_2 z_3 z_4 z_5 z_6 z_7}{z_1 z_{2'} z_3 z_{4'} z_5 z_{6'}} = \frac{25 \times 14 \times 40 \times 60}{15 \times 14 \times 20 \times 2} = 100$$

② 用画箭头的方法判断蜗轮的转向为顺时针。

③ 计算蜗轮的转速 n_7。

$$n_7 = \frac{n_1}{i_{17}} = \frac{200}{100} = 2 \ (\text{r/min})$$

故蜗轮以 2 r/min 的转速沿逆时针方向转动。

【例2】： 如图 8–1 所示汽车变速箱的传动图，分析此轮系的类型（定轴轮系、周转轮系、复合轮系）。若已知：$z_1 = 15$，$z_2 = 50$，$z_3 = 40$，$z_4 = 25$，$z_5 = 35$，$z_6 = 30$，$z_7 = 10$，$z_8 = 8$，均为标准齿轮传动。轴 Ⅰ 的输入转速为 $n_1 = 1\ 450$ r/min，求轮系的传动比，及输出轴 Ⅱ 的 4 挡输出转速 n。

解： ① 轮系的类型：定轴轮系。

② 轮系传动比：

由 $\quad i_{12} = \dfrac{n_1}{n_2} = \dfrac{z_2 z_6}{z_1 z_5} = \dfrac{50 \times 30}{15 \times 35} = \dfrac{20}{7}\qquad$ 得 $\quad n_2 = \dfrac{n_1}{i_{12}} = 507.5$

由 $\quad i_{12} = \dfrac{n_1}{n_2} = \dfrac{z_2 z_4}{z_1 z_3} = \dfrac{50 \times 25}{15 \times 40} = \dfrac{25}{12}\qquad$ 得 $\quad n_2 = \dfrac{n_1}{i_{12}} = 696$

由 $\quad i_{12} = \dfrac{n_1}{n_2} = 1\qquad$ 得 $\quad n_2 = \dfrac{n_1}{i_{12}} = 1\ 450$

由 $\quad i_{12} = \dfrac{n_1}{n_2} = -\dfrac{z_2 z_8 z_6}{z_1 z_7 z_8} = \dfrac{50 \times 30}{15 \times 10} = -10\qquad$ 得 $\quad n_2 = \dfrac{n_1}{i_{12}} = -145$

通过对以上"相关知识"的学习，想一想：什么叫惰轮？它在轮系中有何作用？当图 8–1 汽车变速箱的传动系统处于第四挡低速倒车时，各从动轮的回转方向如何？

1. 什么叫惰轮？它在轮系中有何作用？	
2. 当图 8–1 汽车变速箱的传动系统处于第四挡低速倒车时，各从动轮的回转方向如何？	

步骤三　周转轮系与复合轮系

? 想一想：

1. 周转轮系在计算传动比时如何利用定轴轮系传动比的计算公式？

2. 如何计算复合轮系传动比？

相关知识

一、周转轮系传动比的计算

由于周转轮系中有齿轮轴线位置不固定的行星轮，所以周转轮系传动比不能直接用定轴轮系传动比的计算方法来计算。但可以利用相对运动原理，将周转轮系转化为假想的定轴轮系，然后利用定轴轮系传动比的计算公式计算周转轮系传动比，这种方法称为反转法或转化机构法，即根据相对运动原理，将整个周转轮系加上一个与转臂大小相等、方向相反的公共转速（$-n_H$），轮系中各构件之间的相对运动关系并不因此而改变，但此时转臂变为固定不动，如图 8 – 10 所示齿轮的轴线也随之固定，原轮系转化为定轴轮系。这种经转化所得的定轴轮系就称为原周转轮系的转化机构。

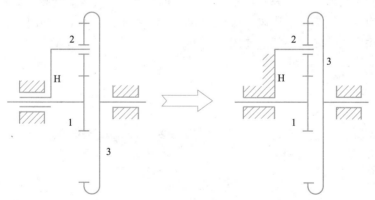

图 8 – 10　周转轮系的转化机构

转化机构中各构件的转速见表 8 – 1。

表 8 – 1　转化机构各构件的转速

构件	周转轮系转速（原转速）	转化机构转速（相对于行星架的转速）
1	n_1	$n_1^H = n_1 - n_H$
2	n_2	$n_2^H = n_2 - n_H$
3	n_3	$n_3^H = n_3 - n_H$
H	n_H	$n_H^H = n_H - n_H$

转化机构的传动比可按定轴轮系传动比的计算方式得到，图 8-10 所示轮系的转化机构的传动比为：

$$i_{13}^{H} = \frac{n_1^{H}}{n_3^{H}} = \frac{n_1 - n_H}{n_3 - n_H} = (-1)^1 \left(\frac{z_2}{z_1}\right)\left(\frac{z_3}{z_2}\right) = -\frac{z_3}{z_1} \tag{8-2}$$

式（8-2）中 i_{13}^{H} 表示转化机构的传动比，即轮1与轮3相对于行星架 H 的传动比。式中 "-" 表示轮1与轮3在转化机构中的转向相反。

在齿数已知的前提下，可由 n_1、n_3 和 n_H 求得周转轮系的传动比。将此式推广即得周转轮系转化机构传动比计算的一般公式：

$$i_{1N}^{H} = \frac{n_1^{H}}{n_N^{H}} = \frac{n_1 - n_H}{n_N - n_H} = (-1)^m \frac{\text{齿轮1与 } N \text{ 间所有从动轮齿数的乘积}}{\text{齿轮1与 } N \text{ 间所有主动轮齿数的乘积}} \tag{8-3}$$

小提示

使用式（8-3）时需要注意的问题：

1. 齿轮1、齿轮 N 及行星架 H 的回转轴线必须相互平行或重合，否则两轮转速不能计算代数和。

2. 将 n_1、n_N 及 n_H 的已知数据代入公式时，必须将表示其转动方向的正负号一起代入。设其中之一转向为正，其他构件的转向与其相同者为正、相反者为负。计算出的构件转速根据计算结果的正负，可确定其真实转向。

3. 转化机构的传动比 i_N^{H} 应按照相应的定轴轮系传动比的计算方法求出。对于不含空间齿轮的轮系，可用 $(-1)^m$ 来决定传动比的正负号；若轮系中含有空间齿轮，则必须采用画箭头法，为了与轮系中各构件的实际转向相区别，转化机构中构件转向一般应使用虚箭头。

做一做

【例3】：如图 8-11 所示的行星轮系中，$z_1 = 20$，$z_2 = 26$，$z_3 = 80$，已知 $n_1 = 960$ r/min。试求传动比 i_{1H} 和行星架 H 的转速 n_H。

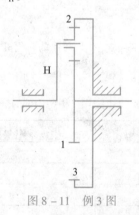

图 8-11 例3图

解：此轮系转化机构的传动比为

$$i_{13}^{H} = \frac{n_1^{H}}{n_3^{H}} = \frac{n_1 - n_H}{n_3 - n_H} = -\frac{z_3}{z_1}$$

即

$$i_{13}^{H} = \frac{n_1^{H}}{n_3^{H}} = \frac{n_1 - n_H}{0 - n_H} = -\frac{80}{20} = -4$$

解得

$$i_{1H} = \frac{n_1}{n_H} = 5$$

则

$$n_H = \frac{n_1}{i_{1H}} = \frac{960}{5} = 192 \text{（r/min）}$$

设 n_1 转向为正，则 n_H 的转向与 n_1 的转向相同。

【**例4**】：如图 8-12 所示的差动轮系，已知 $z_1 = 20$，$z_2 = 24$，$z_2' = 20$、$z_3 = 24$，行星架 H 沿顺时针方向的转速为 15 r/min。若使轮 1 的转速为 940 r/min，并分别沿顺时针或逆时针方向回转，求轮 3 的转速和转向。

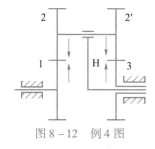

图 8-12 例 4 图

解：（1）当行星架 H 与轮 1 均为顺时针转动时，将 $n_H = 15$ r/min，$n_1 = 940$ r/min 代入式有

$$i_{13}^{H} = \frac{n_1 - n_H}{n_3 - n_H} = \frac{940 - 15}{n_3 - 15} = (-1)^2 \frac{z_2 z_3}{z_1 z_2'} = \frac{36}{25}$$

解得 $n_3 = 657.36$ r/min

（2）当行星架 H 为顺时针转动，轮 1 为逆时针回转，将 $n_H = 15$ r/min，$n_1 = -940$ r/min，代入式有

$$i_{13}^{H} = \frac{n_1 - n_H}{n_3 - n_H} = \frac{-940 - 15}{n_3 - 15} = (-1)^2 \frac{z_2 z_3}{z_1 z_2'} = \frac{36}{25}$$

解得 $n_3 = -678.19$ r/min

二、复合轮系

在复合轮系中，可能既包含定轴轮系部分，又包含周转轮系部分，或者包含几部分的周转轮系。对于这样复杂的轮系，既不能用定轴轮系的公式来计算传动比，也不能按周转轮系的公式来计算传动比。正确的方法是将其所包含的各部分定轴轮系和各部分周转轮系加以区分，并分别应用定轴轮系和周转轮系传动比的计算方法求出它们的传动比，然后联立求解，从而求出复合轮系的传动比，具体步骤如下：

① 正确划分轮系。先把周转轮系划分出来，即找出回转中心运动的行星轮，找出支撑行星轮的行星架（实际形状不一定呈现简单的杆状），找出与行星轮啮合的所有太阳轮。每

一个行星架，连同其上的行星轮，以及与行星轮相啮合的太阳轮就组成一个周转轮系。将所有周转轮系找到后，剩下的即为定轴轮系。

② 分别写出各轮系传动比的计算公式。

③ 找出各轮系间的联系条件。

④ 联立求解各计算公式，得出所需的传动比或转速。

【例5】：如图 8 - 13 所示的复合轮系，已知 $z_1 = 20$，$z_2 = 40$，$z_2' = 20$，$z_3 = 30$，$z_4 = 60$，均为标准齿轮传动。试求 i_{1H}。

解：① 分析轮系。由图可知该轮系为一平行轴定轴轮系与行星轮系组成的复合轮系，其中行星轮系 2' - 3 - 4 - H，定轴轮系 1 - 2。

② 分别写出各轮系传动比的计算公式。

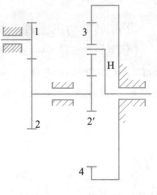

图 8 - 13　例 5 图

定轴轮系：$i_{12} = \dfrac{n_1}{n_2} = (-1)^1 \dfrac{z_2}{z_1} = -\dfrac{40}{20} = -2$

即
$$n_1 = -2n_2$$

行星轮系：$i_{2'4}^H = \dfrac{n_{2'}^H}{n_4^H} = \dfrac{n_{2'} - n_H}{n_4 - n_H} = -\dfrac{z_4 z_3}{z_3 z_{2'}} = -\dfrac{60}{20} = -3$

③ 分析轮系中各轮之间内在关系，可知：$n_4 = 0$，$n_2 = n_2'$

④ 联立求解。代入 $n_4 = 0$，$n_2 = n_2'$

得
$$\dfrac{n_2 - n_H}{0 - n_H} = -3$$

即
$$n_H = \dfrac{n_2}{4}$$

由于
$$n_1 = -2n_2$$

所以
$$n_{1H} = \dfrac{n_1}{n_H} = \dfrac{-2n_2}{\dfrac{n_2}{4}} = -8$$

计算结果说明：齿轮 1 转 1 转，行星架转 8 转，且两者的转动方向相反。

步骤四　轮系的应用

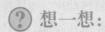

？想一想：

齿轮系在各种机器设备中应用最为广泛，想一想：轮系实际应用的例子都有哪些？

相关知识

一、实现相距较远的两轴之间的传动

当需要在相距较远的两轴之间传递运动时，可采用多个齿轮组成的轮系来代替一对齿轮传动。如图 8 – 14 所示的定轴轮系，当输入轴与输出轴相距较远时，若用一对齿轮机构（图中点画线所示），则齿轮尺寸很大，也很笨重。但若改用实线所示的轮系，则减小了齿轮的尺寸和质量，还能方便齿轮的制造和安装。

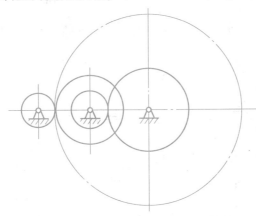

图 8 – 14　相距较远的两轴之间的传动

二、实现多路传动

如图 8 – 15 所示的定轴轮系，利用这个轮系可以使一个主动轴带动 7 个从动轴同时转动，实现 7 路输出。

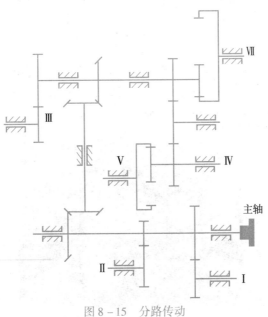

图 8 – 15　分路传动

三、实现变速或变向传动

当主动轴转速、转向不变时，利用轮系可使从动轴获得多种转速或反向转动，在汽车、机床和起重设备等机械中均需这种传动，如图 8 – 16 所示。

四、获得较大的传动比

利用轮系可以由很少的几个齿轮获得较大的传动比。如图 8 – 17 所示的行星轮系，若已知 $z_1 = 100$，$z_2 = 101$，$z'_2 = 100$，$z_3 = 99$，则可得其传动比 $i_{H1} = \dfrac{n_H}{n_1} = 10\ 000$，即行星架 H 转 10 000 转时，齿轮 1 才转 1 转，且二者的转向相同。可见一个简单的周转轮系就可以实现这样大的传动比。

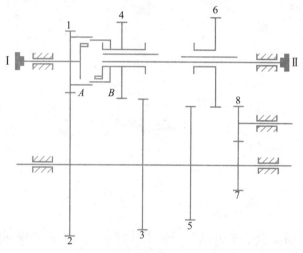

图 8 – 16　汽车变速箱传动系统

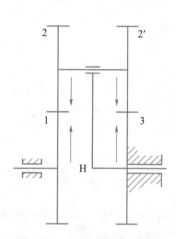

图 8 – 17　大传动比行星轮系

五、实现运动的合成或分解

差动轮系不仅可以将两个独立的运动合成一个运动，而且还可以将一个基本构件的主动转动按所需比例分解成另外两个基本构件的不同运动。汽车后桥的差速器就利用了差动轮系的这一特性。汽车后桥差速器如图 8 – 18 所示。

图 8 – 18　汽车后桥差速器

任务拓展训练（学习工作单）

任务名称		平面连杆机构	日期		
组长		班级		小组其他成员	
实施地点					
实施条件					
任务描述	图示轮系中，已知 $z_1 = 20$，$z_2 = 40$，$z_3 = 20$，$z_4 = 60$，z_5 为双头蜗杆，$z_6 = 40$，$z_7 = 40$，$z_8 = 20$，其他参数见图中标示。已知 $n_1 = 600 \text{ r/min}$（方向见图）。试求： 　　（1）n_4 的转速及转向； 　　（2）工作台的移动速度及移动方向； 　　（3）齿条的移动速度及移动方向。 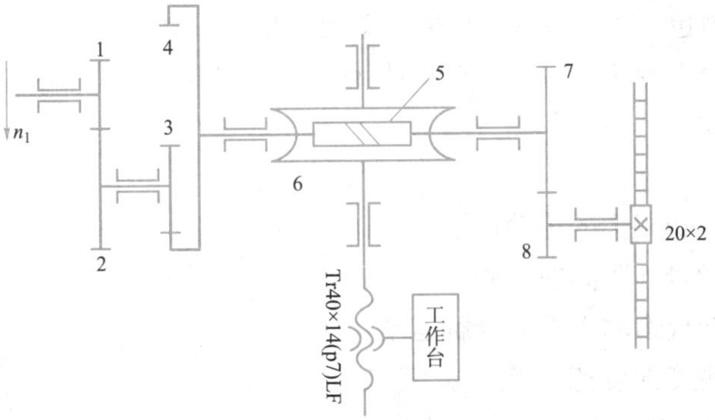 				
任务分析					
任务 实施步骤					
评价					

评价 细则	专业 能力	基础知识掌握	素质 能力	正确查阅相关资料
		实际工况分析		严谨的工作态度
		设计步骤完整		语言表达能力
		设计结果合理		小组配合默契，团结协作
	成绩			

巩固练习

一、思考题

1. 什么是轮系？轮系有哪些类型？

2. 周转轮系中的行星轮系和差动轮系有何区别？

3. 如何求行星轮系的传动比？

4. 轮系中包含空间齿轮，计算传动比时应注意什么？

5. 复合轮系传动比的计算步骤是什么？

二、选择题

1. 轮系（　　）。

A. 不可获得很大的传动比

B. 不可做较远距离的传动

C. 不可合成运动也不可分解运动

D. 可实现变向变速要求

2. 周转轮系中行星轮系的自由度为（　　）个。

A. 0　　　　　　　B. 1　　　　　　　C. 2　　　　　　　D. 3

3. 周转轮系中差动轮系的自由度为（　　）个。

A. 0　　　　　　　B. 1　　　　　　　C. 2　　　　　　　D. 3

4. 周转轮系中，中心轮 1、中心轮 K 和转臂 H 的轴线必须保证（　　）。

A. 相交　　　　　　　　　　　B. 垂直

C. 平行　　　　　　　　　　　D. 以上选择均可

5. 周转轮系中，几何轴线不固定的齿轮称为（　　）。

A. 中心轮　　　　B. 从动轮　　　　C. 主动轮　　　　D. 行星轮

三、分析题

1. 图 8 - 19 所示为滚齿机滚刀与工件间的传动简图，已知各轮的齿数为：$z_1 = 35$，$z_2 = 10$，$z_3 = 30$，$z_4 = 70$，$z_5 = 40$，$z_6 = 90$，$z_7 = 1$，$z_8 = 84$。求毛坯回转一转时滚刀轴的转数。

2. 如图 8 - 20 所示，$z_1 = 15$，$z_2 = 25$，$z_3 = 20$，$z_4 = 60$。$n_1 = 200 \text{ r/min}$（顺时针），$n_4 = 50 \text{ r/min}$，试求 H 的转速。

3. 如图 8 - 21 所示，已知轮系中各齿轮的齿数分别为 $z_1 = 20$、$z_2 = 18$、$z_3 = 56$。求传动比 i_{1H}。

4. 如图 8 - 22 所示轮系中，已知各轮的齿数 $z_1 = 100$，$z_2 = 101$，$z_{2'} = 100$，$z_3 = 99$，试求传动比 i_{H1}。

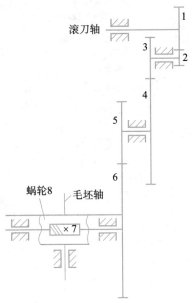

图 8-19 分析题 1 图

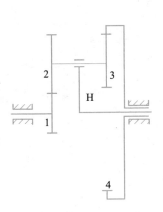

图 8-20 分析题 2 图

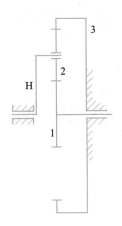

图 8-21 分析题 3 图

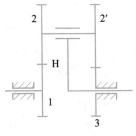

图 8-22 分析题 4 图

第三篇

机械连接与轴系零部件

任务 9　机械连接

任务目标

【知识目标】

◇掌握螺纹连接的类型、特点和防松措施；
◇掌握螺纹连接的强度计算；
◇了解轴毂连接的类型、特点。

【能力目标】

◇能合理选用机械连接的零部件；
◇能进行较为简单的螺栓连接强度计算。

【职业目标】

◇分析问题、解决问题的能力；
◇严谨的工作态度。

任务描述

如图 9 - 1 所示的气缸盖螺栓连接中，已知气缸的气压 $p = 0 \sim 1.2$ MPa，气缸的直径 $D_2 = 250$ mm，缸体与缸盖用 12 个普通螺栓连接，螺栓的材料为 45 钢，许用拉应力 $[\sigma]$ = 120 MPa，安装时不控制预紧力。试确定螺栓的公称直径。

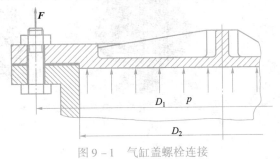

图 9 - 1　气缸盖螺栓连接

想一想：

怎样确定螺栓的公称直径？

任务分析

机械连接的零部件是组成机器的重要零件，其功用是连接零部件并传递运动和动力。本任务中，设计内容包括螺纹连接基本参数和几何尺寸的确定、强度计算、螺栓的公称直径确定等内容。要完成本任务，需完成下面几个步骤的学习。

学习任务分解
步骤一　了解螺纹连接
步骤二　螺栓连接的强度计算

任务实施

步骤一　了解螺纹连接

想一想：

图9-2所示的构件为凸缘联轴器，通过螺母与螺栓的配合，把两个半联轴器连接成一体，以传递运动和动力。试分析连接螺纹的种类、所用连接件及在使用过程中应该注意的问题。

图9-2　凸缘联轴器

相关知识

一、螺纹的分类

1. 外螺纹与内螺纹

在圆柱外面上形成的螺纹称为外螺纹，例如螺栓上的螺纹。在内圆柱面上形成的螺纹称为内螺纹，例如螺母的螺纹，如图9-3所示，它们共同组成螺旋副。

2. 连接用螺纹和传动用螺纹

螺纹按工作性质分为连接用螺纹和传动用螺纹，如图9-4所示。

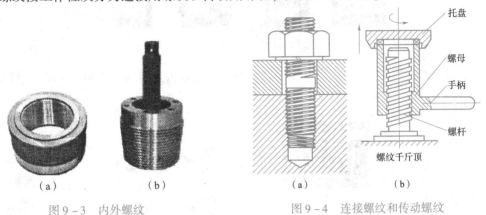

| （a） | （b） | （a） | （b） |

图9-3 内外螺纹　　　　　图9-4 连接螺纹和传动螺纹

3. 按旋向分

螺纹按旋向可分为右旋螺纹和左旋螺纹，将螺纹轴线竖直放置，螺旋线自左向右逐渐升高的是右旋螺纹。反之为左旋螺纹，如图9-5所示。常用螺纹是右旋螺纹。

4. 按螺纹线数分

螺纹按螺纹线数可分为单线螺纹、双线螺纹和多线螺纹，如图9-6所示。

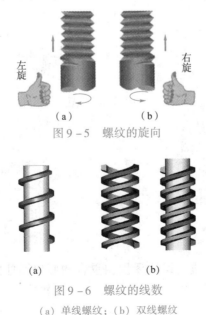

（a）　　　　　（b）

图9-5 螺纹的旋向

图9-6 螺纹的线数

（a）单线螺纹；（b）双线螺纹

5．按牙型分

按照牙型的不同，螺纹可分为普通螺纹（又称为三角形螺纹）、管螺纹、矩形螺纹、梯形螺纹和锯齿形螺纹等，如图 9 - 7 所示。不同的螺纹牙型有不同的用途。

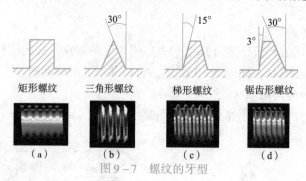

图 9 - 7　螺纹的牙型

三角形螺纹主要用于连接。矩形螺纹、梯形螺纹和锯齿形螺纹主要用于传动。管螺纹主要用于密封性较高的管道连接场合，如图 9 - 8 所示。

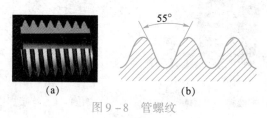

图 9 - 8　管螺纹

二、螺纹的主要参数

1．螺纹大径（D、d）

螺纹大径是与外螺纹牙顶或内螺纹牙底相重合的假想圆柱面的直径，用 d（外螺纹）或 D（内螺纹）表示，如图 9 - 9 所示。

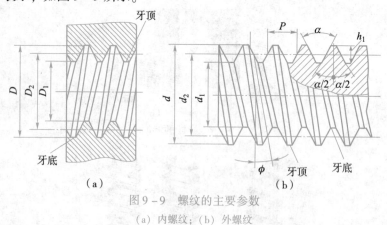

图 9 - 9　螺纹的主要参数
(a) 内螺纹；(b) 外螺纹

2．螺纹小径（D_1、d_1）

螺纹小径是与外螺纹牙底或内螺纹牙顶相重合的假想圆柱面的直径，用 d_1（外螺纹）或 D_1（内螺纹）表示。

3. 螺纹中径（D_2、d_2）

螺纹中径是一个假想圆柱的直径，该圆柱的母线通过牙型上沟槽和凸起相等的地方，此圆柱称为中径圆柱，用 d_2（外螺纹）或 D_2（内螺纹）表示。

4. 螺距（P）

螺距是相邻两牙在中径圆柱面的母线上对应两点间的轴向距离。

5. 导程（S）

导程是同一螺旋线上相邻两牙在中径圆柱面的母线上对应两点间的轴向距离。

6. 线数（n）

线数是指螺纹螺旋线的数目，一般为便于制造常使 $n \leq 4$。对于单线螺纹其导程等于螺距，即 $S = P$；多线螺纹的导程等于线数乘螺距，即 $S = nP$，在图 9-10（b）中，其螺纹是双线螺纹，故导程等于螺距的 2 倍，即 $S = 2P$。

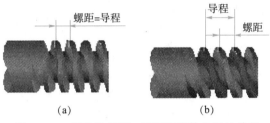

图 9-10 螺纹的螺距、导程和线数之间的关系
(a) 单线螺纹；(b) 双线螺纹

7. 螺旋升角（ϕ）

螺旋升角是中径圆柱面上螺旋线的切线与垂直于螺旋线轴线的平面的夹角。

8. 牙型角（α）

在螺纹牙型上相邻两牙侧间的夹角称为牙型角，普通螺纹的牙型角 $\alpha = 60°$。牙型半角是牙型角的一半，用 $\alpha/2$ 表示。

9. 牙高（h_1）

牙高是指在螺纹牙型上牙顶到牙底在垂直于螺纹轴线方向上的距离。

三、螺纹的代号标注

1. 普通螺纹的代号

普通螺纹的代号由螺纹代号 M、公称直径、旋向、螺纹公差带代号和螺纹旋合长度代号所组成。其中，需要注意的事项如下。

① 细牙螺纹的每一个公称直径对应着数个螺距，因此必须标出螺距值，而粗牙普通螺纹不标螺距。

② 当螺纹为左旋时，在公称直径之后加"LH"字、右旋螺纹不标注旋向代号。

③ 旋合长度有长旋合长度 L、中等旋合长度 N 和短旋合长度 S 三种，中等旋合长度 N 不标注。

④ 公差带代号中，前者为中径公差带代号，后者为顶径公差代号，两者一致时则只标注一个公差带代号，内螺纹用大写字母，外螺纹用小写字母。

⑤ 内、外螺纹配合的公差带代号中，前者为内螺纹公差带代号，后者为外螺纹公差带

代号，中间用"/"分开。

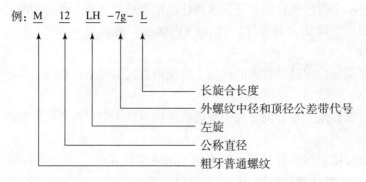

例：M 12 LH −7g− L

长旋合长度
外螺纹中径和顶径公差带代号
左旋
公称直径
粗牙普通螺纹

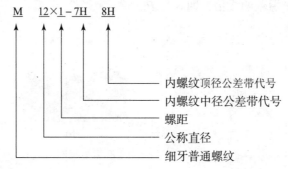

M 12×1−7H 8H

内螺纹顶径公差带代号
内螺纹中径公差带代号
螺距
公称直径
细牙普通螺纹

2．梯形螺纹代号

梯形螺纹代号由特征代号 Tr、公称直径、旋向、螺纹公差带代号和螺纹旋合长度代号所组成。

其中，需要注意的事项如下：

① 单线螺纹只标注螺距，多线螺纹标注螺距和导程。

② 右旋螺纹不标注旋向代号，左旋螺纹用 LH 表示。

③ 旋合长度有长旋合长度 L、中等旋合长度 N 两种，中等旋合长度 N 不标注。

④ 公差带代号中，螺纹只标注中径公差带代号。内螺纹用大写字母，外螺纹用小写字母。

⑤ 内、外螺纹配合的公差带代号中，前者为内螺纹公差带代号，后者为外螺纹公差带代号，中间用"/"分开。

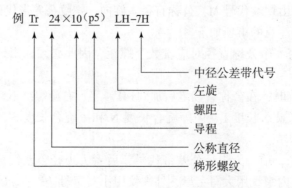

例 Tr 24×10（p5） LH−7H

中径公差带代号
左旋
螺距
导程
公称直径
梯形螺纹

四、螺纹连接的类型及标准连接件

螺纹连接的主要类型有螺栓连接、双头螺柱连接、螺钉连接和紧定螺钉连接。常用的螺纹连接件有螺栓、螺母、双头螺柱、螺钉、紧定螺钉和垫圈等。

1. 螺栓连接

螺栓连接分为普通螺栓连接和铰制孔用螺栓连接，如图 9-11 所示，主要适用于被连接件不太厚且两端均有装配空间的场合，被连接件上无须切制螺纹，结构简单，拆装方便，应用广泛。

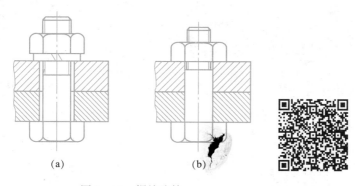

(a)   (b)

图 9-11 螺栓连接

(a) 普通螺栓连接；(b) 铰制孔用螺栓连接

普通螺栓连接，孔壁和螺栓杆之间有间隙，应用于经常拆装的场合；铰制孔用螺栓连接，孔与杆间无间隙，可对被连接件进行精确的定位，应用于承受横向载荷的场合。

2. 双头螺柱连接

双头螺柱连接由双头螺柱、螺母和垫圈组成，如图 9-12 所示。连接时，一端直接拧入被连接零件的螺孔中，另一端用螺母拧紧。

双头螺柱连接多用于被连接件之一较厚，不适于钻成通孔或不能钻成通孔，且经常装拆的场合。孔与杆间有间隙、被连接件上无须切制螺纹、装拆方便。在拆卸时只须拧出螺母、取下垫圈，而不必拧出螺柱，因此采用这种连接不会损坏被连接件上的螺孔。

3. 螺钉连接

螺钉直接拧入被连接件的螺纹孔中，如图 9-13 所示。孔与杆间无间隙、装拆方便，这种连接在结构上比双头螺柱简单、紧凑，用于被连接件之一较厚的场合，不宜经常装拆，以免损坏被连接件的螺孔。

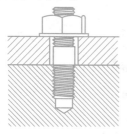

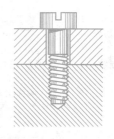

图 9-12 双头螺柱连接   图 9-13 螺钉连接

4. 紧定螺钉连接

利用拧入被连接件螺纹孔中的螺钉末端顶住另一零件的表面，以固定零件的相对位置，可传递不大的力或扭矩，如图 9-14 所示。紧定螺钉分为柱端、锥端和平端 3 种。多用于轴上零件的固定，传递较小的力。

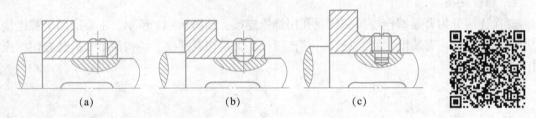

图 9-14 紧定螺钉连接

(a) 平端紧定螺钉；(b) 锥端紧定螺钉；(c) 圆柱端紧定螺钉

5. 其他连接

其他连接如图 9-15 所示。

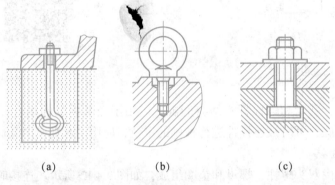

图 9-15 其他连接

(a) 地脚螺栓连接；(b) 吊环螺栓连接；(c) T 形槽螺栓连接

6. 标准连接件

常用的螺纹连接件有螺栓、螺母、双头螺柱、螺钉、紧定螺钉和垫圈等，见表 9-1。这些零件的结构形式和尺寸已经标准化，设计时可根据相关标准选用。

表 9-1 螺纹标准连接件

名称及标准编号	图例及标记示例	名称及标准编号	图例及标记示例
六角头螺栓 GB/T 5782—2016	35 M10 螺栓GB/T 5782 M10×35	开槽沉头螺钉 GB/T 68—2016	50 M10 螺钉GB/T 68 M10×50

名称及标准编号	图例及标记示例	名称及标准编号	图例及标记示例
螺柱 A型 B型 GB/T 897—1988(b_m=1d) GB/T 898—1988(b_m=1.25d) GB/T 899—1988(b_m=1.5d) GB/T 900—1988(b_m=2d)	A型 45 M10 螺栓GB/T 897 M12×45 B型 40 M10 螺栓GB/T 898 M12×40	开槽锥端紧定螺钉 GB/T 71—1985	45 M10 螺钉GB/T 71 M10×45
		1型六角螺母 GB/T 6170—2015	M12 螺母GB/T 6170 M12
内六角圆柱头螺钉 GB/T 70.1—2008	32 M10 螺钉GB/T 70 M10×32	平垫圈 2000 GB/T 97.1—2002	ϕ13 垫圈GB/T 97.1 12-14HV
开槽沉头螺钉 GB/T 68—2016	40 M10 螺钉GB/T 65 M10×40	弹簧垫圈 GB 93—1987	ϕ17 垫圈GB/T 93 16

五、螺纹连接的预紧与防松

1. 螺纹连接的预紧

大多数螺纹连接在装配时都需要拧紧，使之在承受工作载荷之前，预先受到预紧力的作用，称为预紧。预紧以后，被连接件受到压缩，螺纹连接件受到拉伸。

预紧力的大小取决于螺母的拧紧程度，即所施加的扳手力矩的大小。预紧的目的是为了提高连接的可靠性、紧密性和防松能力。

过大的预紧力会导致整个连接的结构尺寸增大，也会增大在装配或偶然过载时拉断连接件的可能性。因此，既要保证连接时所需的预紧力，又不能使连接件过载。通常规定，螺纹连接件的预紧应力不得超过其材料屈服点的80%。预紧力的大小应根据载荷性质、连接刚度等具体工作条件经计算确定。需要严格控制预紧力大小的场合，通常使用测力矩扳手和定力矩扳手，如图9-16所示。

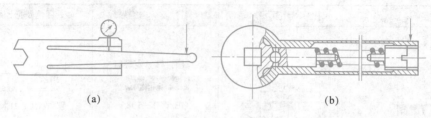

图 9-16　螺纹连接预紧工具

(a) 测力矩扳手；(b) 定力矩扳手

2. 螺纹连接的防松

松动是螺纹连接最常见的失效形式之一。在冲击、振动或者变载荷作用下，或者当温度变化很大时，螺纹副间的摩擦力可能减少或瞬间消失，从而使螺纹连接松动，如经反复作用，螺纹连接就会松弛而失效。因此，必须进行防松，防止螺纹副的相对转动。否则会影响正常工作，造成事故。为了保证螺纹连接的安全可靠，许多情况下都采取一些必要的防松措施，常用螺纹连接件的防松措施见表 9-2。

表 9-2　螺纹连接件的防松措施

结构名称	照片	使用原理/方法	特点	运用场合
弹簧垫圈		依靠弹簧垫圈在压平后产生的弹力及其切口尖角嵌入被连接件及紧固件支撑面起防松作用	1. 结构简单； 2. 成本低； 3. 使用简易	用于不甚重要的场合
双螺母		两个螺母对顶拧紧，使螺栓在旋合时受拉而螺母受压，构成螺纹连接副纵向压紧	1. 结构简单； 2. 成本低； 3. 质量大	用于低速重载或载荷平稳的场合
扣紧螺母		先用六角螺母固定连接件，然后旋上扣紧螺母，先用手拧紧，再用扳手拧紧	1. 防松性能好； 2. 防松持久力高	用于不常装卸的场合

续表

结构名称	照片	使用原理/方法	特点	运用场合
自锁螺母		嵌在螺母中的尼龙圈，拧紧后尼龙圈内孔被螺栓箍紧而起防松作用	1. 结构简单，防松可靠； 2. 可多次装卸而不降低防松性能	用于多次装卸的场合
止动垫圈		螺母拧紧后，将单耳或双耳止动垫圈分别向螺母和被连接件的侧面折弯贴紧，即可将螺母锁住	1. 结构简单； 2. 使用方便； 3. 防松可靠	广泛用于电器、电梯、机械配套上面，用于固定滚动轴承防止松动
开口销与六角开槽螺母		六角开槽螺母拧紧后，将开口销穿入螺栓尾部小孔和螺母的槽内，并将开口销尾部掰开与螺母侧面贴紧	1. 防松可靠； 2. 用于比较重要的机械连接的防松	适用于有较大冲击、振动的高速机械中运动部件的连接

多了解一点

螺纹的公称直径：除管螺纹以通管的内径（英制单位）为公称直径外，其他螺纹的公称直径均以外螺纹的大径为公称直径（公制单位）。

做一做

针对前面"想一想"中提出的凸缘联轴器，可以考虑以下方案：

1. 选用螺纹连接类型	根据螺纹连接的应用特点，确定要采用的连接类型为螺栓连接
2. 选用螺纹连接件	选用普通螺栓、标准螺母和弹簧垫圈等螺纹连接件
3. 螺纹连接的预紧控制	选好螺纹连接件后，就要进行螺纹连接的紧固。这时需要拧紧螺母，使螺栓在连接时产生适当的预紧力，并对预紧力要加以控制
4. 螺纹连接的防松处理	采用弹簧垫圈来进行螺纹连接的防松处理

步骤二　螺栓连接的强度计算

? **想一想:**

要解决本任务应该对谁进行受力分析? 共有几个力的作用? 这几个力之间有什么关系?

■ 相关知识

一、强度条件

构件在外力作用下抵抗永久变形和断裂的能力称为强度。强度是衡量零件本身承载能力（即抵抗失效能力）的重要指标。

对于承受拉伸作用的构件, 其拉伸强度条件为:

$$\sigma = \frac{F}{A} \leqslant [\sigma] \tag{9-1}$$

式中, σ——构件的工作应力;

　　　F——危险截面上的轴力;

　　　A——构件横截面积;

　　　$[\sigma]$——材料的拉伸许用应力。

对于承受剪切变形的构件, 如图 9 – 17 所示, 其剪切强度条件为:

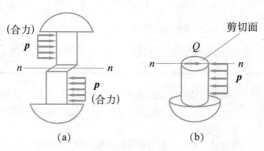

图 9 – 17　剪切

$$\tau = \frac{P}{Q} \leqslant [\tau] \tag{9-2}$$

式中, τ——剪切面上的切应力;

　　　P——剪切面上的剪力;

　　　Q——剪切面积;

　　　$[\tau]$——材料的许用切应力。

有些连接零件在发生剪切变形时, 构件局部面积发生挤压现象, 如图 9 – 18 所示, 对于承受挤压的构件，其强度条件为：

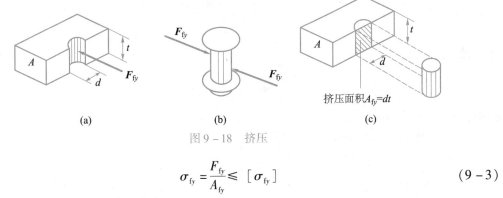

图 9 – 18　挤压

$$\sigma_{fy} = \frac{F_{fy}}{A_{fy}} \leqslant \left[\sigma_{fy} \right] \qquad (9-3)$$

式中，σ_{fy}——挤压面上的挤压应力；

F_{fy}——挤压面上的挤压力；

A_{fy}——挤压面积；

$\left[\sigma_{fy} \right]$——材料的许用挤压应力。

二、螺栓连接的强度计算

螺栓连接中的单个螺栓受力分为受轴向拉力和横向剪力两种，普通螺栓连接，孔壁和螺栓杆之间有间隙，在轴向拉力（包括预紧力）的作用下，螺栓杆或螺纹部分可能发生塑性变形或断裂；铰制孔用螺栓连接，孔与杆间无间隙，在横向剪力的作用下，螺栓杆和孔壁间可能发生压溃或螺栓杆被剪断。

根据上述失效形式，对受轴向拉伸螺栓主要以拉伸强度条件作为计算依据；对受剪螺栓则是以螺栓的剪切强度条件、螺栓杆或孔壁的挤压强度条件作为计算依据。螺栓其他部分和螺母、垫圈的结构尺寸，则是根据强度条件及使用经验确定的，通常不需要进行强度计算，可按螺纹的公称直径直接从标准中查取。

1. 普通螺栓连接的强度计算

（1）松连接

松连接在装配时不需要把螺母拧紧，在承受工作载荷之前螺栓并不受力，如图 9 – 19 所示吊钩尾部的螺纹连接就是松连接的一个实例。

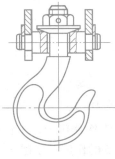

图 9 – 19　起重吊钩

吊钩起吊重物时，螺栓所受到的工作拉力就是工作载荷 F，故螺栓危险截面的拉伸强度条件为：

$$\sigma = \frac{F}{A} = \frac{F}{\frac{\pi d_1^2}{4}} \leqslant [\sigma] \qquad (9-4)$$

设计公式为：

$$d_1 \geqslant \sqrt{\frac{4F}{\pi [\sigma]}} \qquad (9-5)$$

式中，d_1——螺栓小径，mm；

F——螺栓承受的轴向工作载荷，N；

$[\sigma]$——松螺栓连接的许用拉应力，MPa。

（2）紧连接

① 只受预紧力的紧螺栓连接。

螺栓拧紧后，其螺纹部分不仅受因预紧力 F_0 的作用而产生的拉应力 σ，还受因螺纹摩擦力的作用而产生的扭转切应力，使螺栓螺纹部分处于拉伸与扭转的复合应力状态。

螺栓螺纹部分的强度条件为：

$$\frac{1.3 \times F_0}{\frac{\pi d_1^2}{4}} \leqslant [\sigma] \qquad (9-6)$$

设计公式为：

$$d_1 \geqslant \sqrt{\frac{4 \times 1.3 F_0}{\pi [\sigma]}} \qquad (9-7)$$

式中，$[\sigma]$——紧螺栓连接的许用拉应力，MPa；

d_1——螺栓小径，mm；

F_0——螺栓预紧力，N。

② 承受轴向静载荷的紧螺栓连接，如图 9-20 所示。

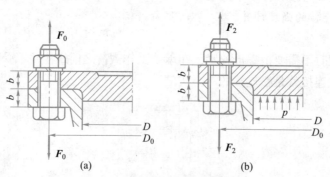

图 9-20 受轴向载荷的紧螺栓连接

（a）工作载荷作用前；（b）工作载荷作用后

在要求紧密性较好的压力容器的螺栓连接中，工作载荷作用前，螺栓只受预紧力 F_0 的作用，工作时由于压力容器均布载荷 p 的作用，使螺栓又受到轴向工作载荷 F 的作用。被连接件的结合面原来受到的压力为 F_0，工作时，结合面在力 F 的作用下，压力由 F_0 减小至 F_1。F_1 称为残余预紧力。螺栓受力由 F_0 增至 F_2，由被连接件受力平衡可得 $F_2 = F + F_1$。

螺栓的强度校核公式为：

$$\sigma = \frac{5.2F_2}{\pi d_1^2} \leq [\sigma] \qquad (9-8)$$

螺栓的设计公式为：

$$d_1 \geq \sqrt{\frac{5.2F_2}{\pi [\sigma]}} \qquad (9-9)$$

2. 铰制孔用螺栓连接的强度计算

铰制孔用螺栓连接在工作中主要承受横向力，如图9-21所示，螺栓杆与孔壁间的接触表面受挤压作用，螺栓杆部受剪切作用。所以，铰制孔用螺栓连接的失效形式一般为螺栓杆被剪断、螺栓杆或孔壁被压溃。因此，铰制孔用螺栓连接须进行挤压强度和剪切强度计算。

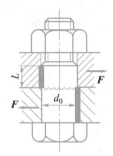

图9-21 铰制孔用螺栓连接

螺栓杆与孔壁的抗挤压强度条件为：

$$\sigma_{bs} = \frac{F}{d_0 L} \leq [\sigma_{bs}] \qquad (9-10)$$

螺栓杆的抗剪强度条件为：

$$\tau = \frac{4F}{\pi d_0^2} \leq [\tau] \qquad (9-11)$$

式中，F——螺栓所受的横向载荷，N；

$\quad d_0$——螺栓杆剪切面直径，mm；

$\quad L$——螺栓杆与孔壁挤压面间的最小接触高度，mm。

三、螺栓组连接的结构设计

螺栓组连接的结构设计主要是考虑受力情况、装配因素等方面的影响，选择合适的连接接合面的几何形状、螺栓的布置形式和螺栓的公称直径，应综合考虑以下几个方面。

① 接合面应尽量设计成轴对称的几何形状，尽量对称布置螺栓，使螺栓组的几何中心与接合面的形心重合。这样便于加工和装配，接合面受力也比较均匀，如图9-22所示。

② 当螺栓连接承受弯矩和扭矩时，应将螺栓尽可能地布置在靠近接合面边缘，以减少螺栓中的载荷。如果普通螺栓连接受到较大的横向载荷，则可用套筒、键、销等零件来分担横向载荷，以减小螺栓的预紧力和结构尺寸，如图9-23所示。

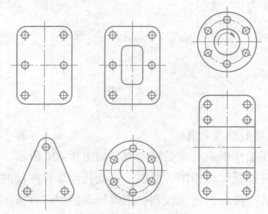

图 9 – 22　螺栓组的布置

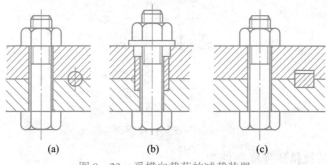

图 9 – 23　受横向载荷的减载装置

（a）减载销；（b）减载套筒；（c）减载键

③ 螺栓连接的数目尽量取偶数，以便于分度划线。

④ 螺栓布置要有合理的距离。在布置螺栓时，螺栓中心线与机体壁之间、螺栓与螺栓之间的相互距离，要根据扳手活动所需的空间大小来确定，如图 9 – 24 所示。

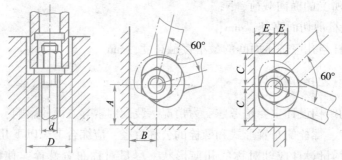

图 9 – 24　扳手空间

⑤ 为了安装方便，同一组螺栓中不论其受力大小，均采用同样的材料和尺寸。

⑥ 避免承受附加弯曲应力。引起附加弯曲应力的因素很多，除因制造、安装上的误差及被连接件的变形等因素外，螺栓、螺母支承面不平或倾斜，都可能引起附加弯曲应力，为此，应采用斜垫圈（见图 9 – 25 （a））、球面垫圈（见图 9 – 25 （b））、凸台（见图 9 – 25 （c））和凹坑（见图 9 – 25 （d））等结构。

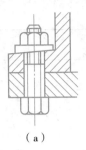 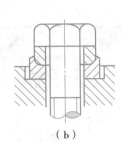 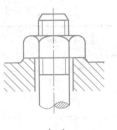 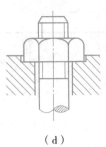

（a）　　　　　　　（b）　　　　　　　（c）　　　　　　　（d）

图 9 - 25　避免附加弯曲应力的结构

（a）斜垫圈；（b）球面垫圈；（c）凸台；（d）凹坑

任务参考答案	结果
1. 单个螺栓承受的工作载荷 F 作用在气缸盖上的总轴向载荷为 $$F_A = \frac{\pi D^2}{4} P$$ 单个螺栓的外载荷为 $$F = \frac{\pi D^2}{4n} P = \frac{\pi \times 250^2}{4 \times 12} \times 1.2 = 4\,908.7 \ (N)$$	单个螺栓的外载荷为4 908.7 N
2. 单个螺栓承受的总工作载荷 F_p 由于气缸有紧密性要求，选取剩余预紧力 $F_0 = 1.5F$，故总工作载荷为 $$F_P = F + F_0 = (1 + 1.5) \ F = 12\,271.8 \ N$$	单个螺栓承受的总工作载荷为 12 271.8 N
3. 确定螺栓直径 $$d_1 \geqslant \sqrt{\frac{5.2 F_P}{\pi \ [\sigma]}} = \sqrt{\frac{5.2 \times 12\,271.8}{\pi \times 120}} = 13.01 \ (mm)$$	确定螺栓直径≥13.01 mm
4. 查表选择螺栓 通过查阅 GB 196—2003 普通螺纹的参数，可以选择公称直径为 16 mm 的螺栓	公称直径定为 16 mm

任务拓展训练（学习工作单）

任务名称		平面连杆机构	日期		
组长		班级		小组其他成员	
实施地点					
实施条件					
任务描述	如图所示杆 1 和杆 2 用销钉 3 相连接，拉力 $F = 25$ kN。杆用 Q275、销用 45 钢制造。杆的许用应力：拉伸 $[\sigma] = 90$ MPa；挤压 $[\sigma]_P = 140$ MPa；剪切 $[\tau] = 60$ MPa。销钉的许用应力：弯曲 $[\sigma]'_W = 120$ MPa；剪切 $[\tau]' = 70$ MPa。试按等强度设计原则确定结构的各部分尺寸 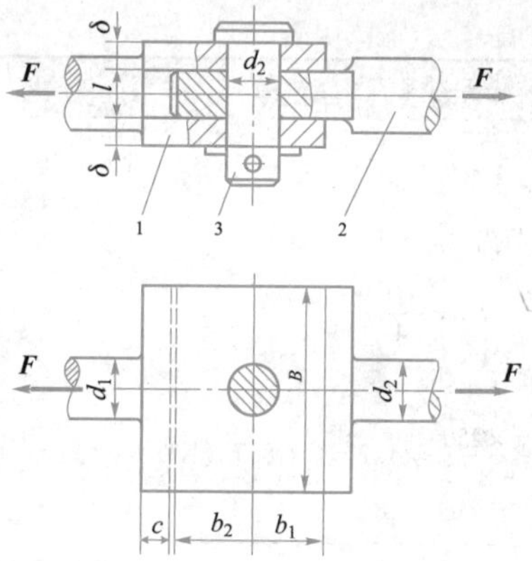 				
任务分析					
任务 实施步骤					
评价					
评价 细则	专业 能力	基础知识掌握	素质 能力	正确查阅相关资料	
		实际工况分析		严谨的工作态度	
		设计步骤完整		语言表达能力	
		设计结果合理		小组配合默契，团结协作	
		成绩			

知识拓展一 轴毂连接

轴上传动零件（如齿轮、带轮等）一般都是以其轮毂与轴连在一起同步回转。轴毂连接主要用于实现轴与轮毂之间的轴向固定，以传递转矩，有些还能实现轴上零件的轴向固定或轴向移动。常用的轴毂连接有键连接、销连接和过盈配合连接等。

一、键连接

键连接就是用键来实现轴和轴上零件的周向固定，来传递轴与毂之间的转矩，有些类型的键还能实现轴上零件的轴向固定或轴向移动。键是标准件。

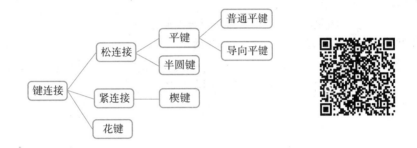

1. 平键连接

平键的两侧面是工作面，上表面与轮毂键槽底面间有间隙，工作时靠键两侧与键槽的挤压来传递转矩，结构紧凑，定心性好。

（1）普通平键连接

用于轴毂间无相对轴向移动的静连接，如图 9 - 26 所示。按端部形状不同分为 A 型（圆头）、B 型（平头）和 C 型（单圆头）3 种，A 型和 B 型键用在轴的中部，C 型键用在轴端。

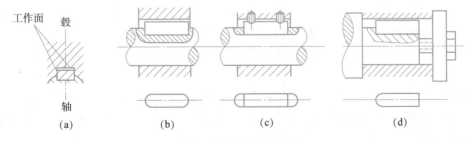

图 9 - 26 普通平键连接

（a）平面连接剖面图；（b）圆头普通平键连接；
（c）平头普通平键连接；（d）单圆头普通平键连接

（2）导向平键连接

用于轴上零件轴向移动量不大的动连接。它是加长的普通平键，用螺钉把键固定在轴上的键槽中。为装拆方便，在键中部制有起键螺孔，如图 9 - 27 所示。

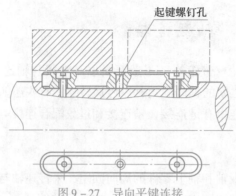

图 9 – 27 导向平键连接

2. 半圆键连接

半圆键的两侧面为工作面，其工作原理与平键相同，即工作时靠键与键槽侧面的挤压传递转矩，如图 9 – 28 所示。轴上的键槽用盘铣刀铣出，键在槽中能绕键的几何中心摆动，可以自动适应轮毂上键槽的斜度。半圆键连接制造简单，装拆方便，缺点是轴上键槽较深，对轴削弱较大。适用于载荷较小的连接或锥形轴端与轮毂的连接。

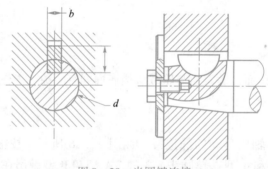

图 9 – 28 半圆键连接

3. 楔键连接

楔键连接用于静连接。楔键的上下面是工作面，键的上表面有 1∶100 的斜度，轮毂键槽的底面也有 1∶100 的斜度，装配时将键打入轴和毂槽内，其工作面上产生很大的预紧力，工作时主要靠摩擦力传递转矩，如图 9 – 29 所示。

4. 花键连接

花键连接是由轴向均布多个键齿的花键轴和多个键槽的花键毂构成的连接。其工作面是均布多齿的齿侧面，承载能力高，对中性好，导向性好，应力集中小，如图 9 – 30 所示。但加工需要专用设备，精度要求高，成本高。

二、销连接

销连接用来固定零件之间的相对位置，也可用于轴和轮毂或其他零件的连接，并可传递不大的载荷，有时还用作安全装置中的过载剪断零件，销连接如图 9 – 31 所示。

销还有许多特殊形式。图 9 – 32（a）所示是大端具有外螺纹的圆锥销，便于装拆，可用于盲孔；图 9 – 32（b）所示是小端带外螺纹的圆锥销，可用螺母锁紧，适用于有冲击的场合。

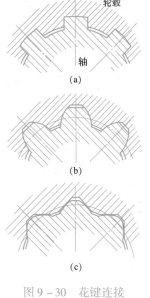

轮毂

轴

(a)

(b)

(c)

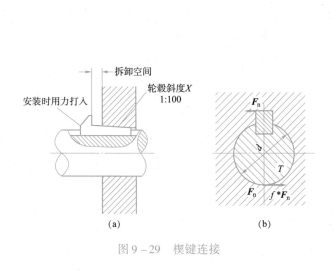

(a)

(b)

图 9 – 29 楔键连接

图 9 – 30 花键连接

（a）矩形；（b）渐开线形；（c）三角形

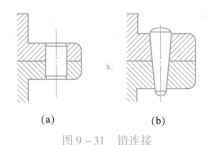

(a)

(b)

图 9 – 31 销连接

（a）圆柱销；（b）圆锥销

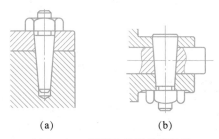

(a)

(b)

图 9 – 32 带螺纹的圆锥销连接

（a）大端具有外螺纹的圆锥销；（b）小端带外螺纹的圆锥销

三、过盈配合连接

过盈配合连接是利用材料的弹性变形，把具有一定配合过盈量的轴和孔套装起来的连接，如图 9 – 33 所示，由于轴和轮毂间存在过盈，从而产生压力，工作时靠径向压力产生的摩擦力传递转矩和轴向力。这种连接结构的特点是结构简单，同轴性好，轴上不开孔或槽，对轴削弱小，承载能力高，耐冲击性能好。缺点是对配合面的加工精度要求高，装拆不便。因此常用于受冲击载荷的轴毂连接。

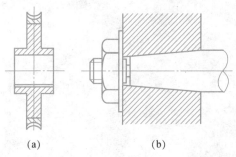

图 9 – 33 过盈连接

(a) 蜗轮齿圈与轮心的过盈连接；(b) 圆锥面过盈连接

 知识拓展二 其他连接

一、焊接

焊接是利用局部加热（有时需局部加压）的方法，使两个金属元件在接头的材料熔融处连接成一体的一种连接方法。它具有强度高、工艺简单、质量小、施工方便等特点。

焊接的方法很多，在机械制造行业中常采用的有熔焊、压焊和钎焊 3 大类。熔焊是一种最基本的焊接方法，它分为电弧焊、气焊与电渣焊，其中，电弧焊应用最广。电弧焊焊接接头可分为对接接头、搭接接头和正交接头 3 种形式，如图 9 – 34 所示。

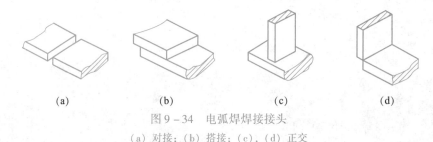

图 9 – 34 电弧焊焊接接头

(a) 对接；(b) 搭接；(c)，(d) 正交

焊接主要用于下列场合：

① 金属构架、容器和壳体结构的制造；

② 在机械零件制造中，用焊接代替铸造；

③ 制造矩形或形状复杂的零件时，用分开制造再焊接的方法。

二、铆接

将铆钉穿过被连接件（通常为板材或型材）的预制孔中铆合而成的连接方式，称为铆钉连接，简称铆接。铆钉有空心的和实心的两大类。实心的多用于受力大的较厚零件的连接；空心的用于受力较小的薄板和非金属零件的连接。铆钉有多种类型，并已标准化。

铆接的结构形式很多，按接头的形式，有搭接缝（见图 9 – 35）、角接缝（见图 9 – 36）和对接缝（见图 9 – 37）。

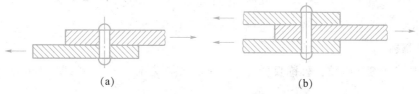

图 9 – 35 搭接形式

（a）单剪切铆接法；（b）双剪切铆接法

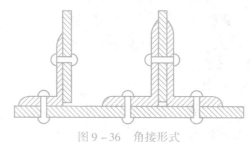

图 9 – 36 角接形式

（a）一侧角钢连接；（b）两侧角钢连接

图 9 – 37 对接形式

（a）单盖板式；（b）双盖板式

铆接具有工艺设备简单、抗振、耐冲击和牢固可靠等优点。但结构一般较为笨重，被连接件（或被铆件）上由于制有铆钉孔，使强度受到较大的削弱，铆接时一般噪声很大，影响工人健康。因此，目前除在桥梁、建筑、造船、重型机械等工业部门中仍采用外，应用已逐渐减少，为焊接、粘接所代替。

巩固练习

一、思考题

1. 螺纹主要有哪几种类型？根据什么选用螺纹类型？

2. 螺纹的主要参数有哪些？如何判断螺纹的线数和旋向？

3. 螺栓、双头螺柱、螺钉、紧定螺钉等分别应用于什么场合？

4. 螺纹连接的防松主要有哪几种方法？它们是怎样防松的？

5. 什么情况下使用铰制孔用螺栓？

6. 平键连接是如何工作的？其性能、应用、特点是什么？

7. 焊接、铆接各有什么特点？适用于哪些工作场合？

二、选择题

1. 公制普通细牙螺纹，公称直径为 24 mm，螺距为 1.5 mm，单线，左旋，则其标记应为（　　）。

A. M24　　　　　B. M24×1.5　　　C. M24×1.5—左

2. 螺纹连接利用机械元件防松的方法是（　　）。

A. 双螺母防松　B. 弹簧垫圈防松　C. 止动垫圈防松　　　　D. 冲边防松

3. 普通平键的应用特点有（　　）。

A. 依靠侧面传递扭矩，装拆方便

B. 能实现轴上零件的轴向定位

C. 不适用于高速、高精度和承受变载冲击的场合

4. 锥形轴与轮毂的键连接宜用（　　）。

A. 楔键连接　　　　　　　　　B. 平键连接

C. 半圆键连接　　　　　　　　D. 花键连接

5. 普通平键中的 A 型平键适用于（　　）。

A. 端铣刀加工的键槽

B. 盘铣刀加工的键槽

C. 轴端

6. 在载荷大、定心精度要求高的场合，宜选用（　　）。

A. 平键连接　　　　　　　　　B. 半圆键连接

C. 销连接　　　　　　　　　　D. 花键连接

7. 定位销的正确应用是（　　）。

A. 定位销可同时用于传递横向力和扭矩

B. 定位销使用的数目不得少于二个

C. 定位销可用来起过载保护作用

三、分析设计题

图 9-38 所示为一螺旋拉紧装置，如按图上箭头方法旋转中间零件，可使两端螺杆 A 和 B 向中央移动，从而将两零件拉紧。已知：螺杆 A 和 B 的螺纹为 M16，单线，材料的许用拉伸应力 $[\sigma]$ = 80 MPa。试问：

① 该装置中螺杆 A 和 B 上的螺纹旋向分别是右旋还是左旋？

② 计算最大轴向拉力 F_{max}。

提示：由 GB/T 196—2003 查得 M16 普通螺纹的参数：小径 d_1 = 13.835 mm；中径 d_2 = 14.701 mm；螺距 P = 2 mm。

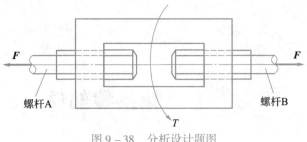

螺杆A

螺杆B

图 9 – 38 分析设计题图

任务 10　轴系零部件

任务目标

【知识目标】

◇了解轴的分类，转轴、心轴和传动轴的承载特点，掌握轴的材料选择；

◇掌握按扭矩初步估算轴的最小直径的方法，理解掌握轴的结构设计，熟悉轴上零件的轴向和周向定位方法，明确轴的结构设计应注意的问题及提高轴承载能力的措施；

◇掌握阶梯轴的结构设计和强度计算与校核；

◇了解轴承的类型、代号、滚动轴承的类型选择、尺寸选择；

◇掌握联轴器的类型及选择；

◇了解联轴器与离合器的异同。

【能力目标】

◇能合理地进行简单轴及轴上零件的结构设计；

◇能够查阅工具书或相关机械设计手册。

【职业目标】

◇分析问题、解决问题的能力；

◇严谨的工作态度、互帮互助、分工合作的团队精神。

任务描述

图 10-1 所示为某企业所用带式输送机中单级斜齿轮减速器结构简图和从动轴的实体图，请进行主动轴设计。已知电动机的功率 $P_1 = 13.5$ kW，$n_1 = 869$ r/min，$\eta_{联轴器} = 0.99$，$\eta_{轴承} = 0.99$，$\eta_{齿轮} = 0.98$；齿轮传动的主要参数及尺寸为：法面模数 $m_n = 4$ mm，两轮齿数分别为 $z_1 = 20$，$z_2 = 79$，螺旋角 $9°59'12''$，分度圆直径 $d_1 = 68.12$ mm，$d_2 = 269.1$ mm，中心距 $a = 168.61$ mm，齿宽 $b_1 = 85$ mm，$b_2 = 90$ mm，采用的轴承为 6211 深沟球轴承，单向传

动，轴端为联轴器。

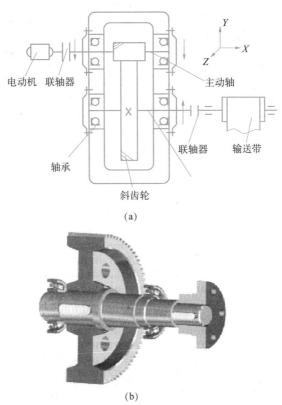

(a)

(b)

图 10-1 带式输送机中单级斜齿轮减速器结构简图和从动轴零部件实体图

(a) 带式输送机中单级斜齿轮减速器结构简图；(b) 从动轴零部件实体图

 任务分析

轴是组成机器的重要零件，其功用是支承旋转零件（如齿轮、带轮等）并传递运动和动力。轴的设计应主要考虑三个方面的问题：一是为保证轴能正常工作，要求轴应有足够的强度和刚度，二是为满足轴上零件的轴向定位和周向定位的要求，应具有合理的结构和良好的工艺性，三是应具有良好的振动稳定性和耐磨性。

轴的设计任务主要为选材、结构设计、工作能力计算，其设计的一般流程如图 10-2 所示。本任务主动轴两端有轴承支撑，端部有联轴器，设计时需合理考虑联轴器、轴承的影响。要完成本任务，需完成下面几个步骤的学习。

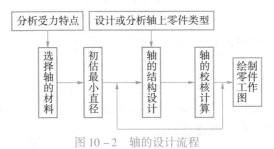

图 10-2 轴的设计流程

学习任务分解
步骤一　初步分析轴的受力特点，确定用轴类型
步骤二　选择轴的材料，确定许用应力
步骤三　按扭转强度初估轴的最小直径
步骤四　初选联轴器
步骤五　轴承分析
步骤六　轴的结构设计
步骤七　轴的强度和刚度计算
步骤八　绘制轴的零件工作图

任务实施

步骤一　初步分析轴的受力特点，确定用轴类型

想一想：

1. 现实生活中哪些机械设备上用到轴？其受载情况如何？

2. 阅读以下相关知识，想一想轴常见的分类方法有哪几种？轴根据受载情况分类可分为哪三种？什么是扭转变形、什么是弯矩变形？

相关知识

轴是机器中最基本、最重要的零件之一，如图 10-3 所示的减速器、自行车、汽车和内燃机等都用到轴，它的主要功用是支承回转零件（如齿轮、带轮、离合器等），并传递运动和动力。

轴类零件通常有根据轴线形状和根据受载情况两种分类方式。

一、根据轴线形状分类

根据轴线形状的不同轴可分为直轴、曲轴、挠性钢丝软轴（简称挠性轴），如图 10-4 所示。直轴应用广泛，常应用于减速器中。

轴在人们的生产、生活中到处可见，如减速器中的转轴、自行车中的心轴、汽车中的传动轴以及内燃机中的曲轴等。

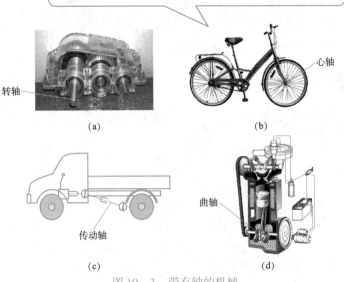

转轴

心轴

(a)

传动轴

曲轴

(c)

(d)

图 10 – 3　带有轴的机械

（a）减速器；（b）自行车；（c）汽车；（d）内燃机

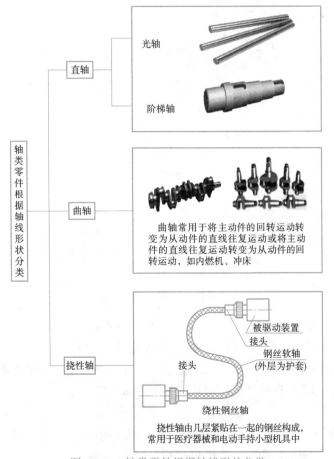

轴类零件根据轴线形状分类

直轴

光轴

阶梯轴

曲轴

曲轴常用于将主动件的回转运动转变为从动件的直线往复运动或将主动件的直线往复运动转变为从动件的回转运动，如内燃机、冲床

挠性轴

被驱动装置

接头

钢丝软轴
(外层为护套)

接头

绕性钢丝轴

挠性轴由几层紧贴在一起的钢丝构成，常用于医疗器械和电动手持小型机具中

图 10 – 4　轴类零件根据轴线形状分类

多了解一点

通常，长径比小于5的轴称为短轴，大于20的轴称为细长轴，大多数轴介于两者之间。有时，为减小质量也常将轴做成空心的。

二、根据轴类工件受载分类

机械中的轴类工件往往受扭转、弯曲或者扭转和弯曲的作用，根据受载情况的不同轴分为心轴、传动轴和转轴三类。

1. 扭转概述

（1）扭转的概念

工程中许多杆件承受扭转变形。例如，如图10-5（a）所示的钳工攻螺纹装置，当钳工攻螺纹孔时，两手所加的外力偶作用在丝锥杆的上端，工件的反力偶作用在丝锥的下端，使得丝锥杆发生扭转变形。如图10-5（b）所示的方向盘操纵杆以及一些传动轴等均是扭转变形的实例，它们均可简化为如图10-6所示的计算简图。

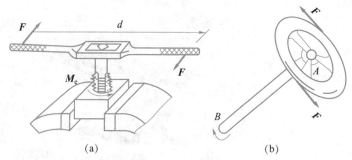

（a）　　　　　　　　　　　　（b）

图10-5　发生扭转变形装置

（a）钳工攻螺纹装置；（b）汽车转向轴

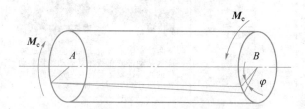

图10-6　扭转变形计算简图

扭转变形是指杆件受到大小相等、方向相反且作用平面垂直于杆件轴线的力偶作用，使杆件的横截面绕轴线产生转动。受扭转变形杆件通常为轴类零件，其横截面大都是圆形的。如图10-6所示，圆轴在外力偶作用下，纵向线倾斜一个角度 γ，称为剪切角（或称剪应变）；两个横截面之间绕杆轴线产生相对角位移 φ，称为扭转角。

（2）转矩

① 外力偶矩的计算。作用于轴上的外力偶矩，通常不是直接给出其数值，而是给出轴的转速 n（r/min）和轴所传递的功率 P（kW），其计算公式为：

$$M_e \ (\text{N} \cdot \text{m}) = 9\,550 \frac{P \ (\text{kW})}{n \ (\text{r/min})} \qquad (10-1)$$

在确定外力偶矩 M_e 的方向时，凡由输入功率计算出来的力偶矩，称为主动力矩，M_e 的方向与轴的转向相同；凡由输出功率计算出来的力偶矩，称为阻力偶矩，M_e 的方向与轴的转向相反。

② 转矩。转矩是扭转时的内力，圆轴在外力偶作用下发生扭转变形时，其横截面上将产生内力 T，求内力的方法为截面法。

以如图 10-7 所示受扭转圆轴 AB 为例，AB 两端面上作用有一对平衡外力偶矩 M_e。用截面法求圆轴横截面上的内力。假想将轴从 $m-m$ 横截面处截开，以左端为研究对象，根据平衡条件 $\sum M_x = 0$，$m-m$ 横截面上必有一个内力偶矩 T 与 A 端面上的外力偶矩 M_e 平衡（那么这个横截面上内力偶矩 T 就称为扭矩），即 $M_e - T = 0$，则 $T = M_e$。若取右端为研究对象，求得的扭矩与以右端为研究对象求的扭矩大小相等、转向相反，它们是作用与反作用的关系。

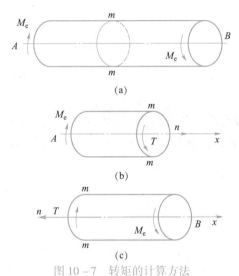

图 10-7 转矩的计算方法

(a) 截断前圆轴；(b) 假想截断后左段；(c) 假想截断后右段

对转矩 T 的正负号规定如下：用右手螺旋法则，四指顺着扭矩的转向握住轴线，大拇指的指向与横截面的外法线方向一致为正，反之为负，如图 10-8 所示。

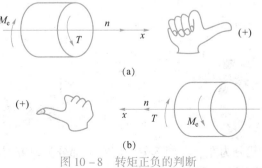

图 10-8 转矩正负的判断

(a) 左段；(b) 右段

2. 弯矩概述

(1) 弯曲的概念

弯曲是工程实际中最常见的一种基本变形。构件在通过其轴线的平面内，受到力偶或垂直于轴线的横向外力的作用，杆的轴线由直线变为曲线的变形称为弯曲变形，变形为弯曲变形或以弯曲变形为主的杆件，工程上习惯称之为梁。

如图 10 – 9 所示的火车轮轴和图 10 – 10 所示的桥式起重机横梁，在载荷 F 的作用下将弯曲。如果梁有一个或几个纵向对称面（横截面的对称轴与梁的轴所组成的平面），当作用于梁上的所有外力（包括横向外力、力偶、支座反力等）都位于梁的某一纵向对称面内时，使得梁的轴线由直线变为在纵向对称面内的一条平面曲线，这种弯曲变形就称为平面弯曲。

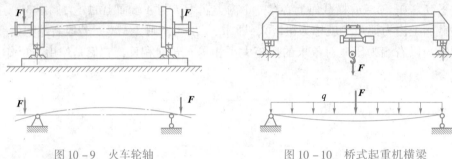

图 10 – 9　火车轮轴　　　　　　图 10 – 10　桥式起重机横梁

(2) 剪力和弯矩

剪力是横截面上切向分布内力的合力，弯矩是横截面上法向分布内力分量的合力偶矩。现欲求如图 10 – 11 所示简支梁任意截面 1 – 1 上的内力，采用截面法求解。

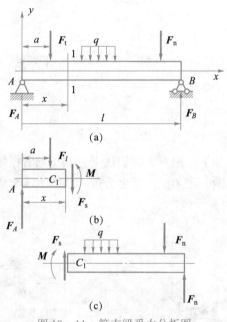

图 10 – 11　简支梁受力分析图

在 1 – 1 截面处将梁截分为左、右两部分，取左半部分为研究对象。在左半段的 1 – 1 截面处添画内力 F_s、M，代替右半部分对其作用；整个梁是平衡的，截开后的每一部分也应平衡，故有：

$$\sum F_y = 0 \Rightarrow F_A - F_1 - F_s = 0 \Rightarrow F_s = F_A - F_1$$

以截面形心 C_1 为矩心，有：

$$\sum M_{C_1} = 0 \Rightarrow -F_A x + F_1(x - a) + M = 0 \Rightarrow M = F_A x - F_1(x - a)$$

如取右半段为研究对象，同样可以求得截面 $1-1$ 上的内力 F_s 和 M，但左、右半段求得的 F_s 及 M 数值相等，方向（或转向）相反。

由于取左半段与取右半段所得剪力和弯矩的方向（或转向）相反，为使无论取左半段或取右半段所得剪力和弯矩的正负符号相同，必须对剪力和弯矩的正负符号作出适当规定。

通常，使微段梁产生左侧截面向上、右侧截面向下的剪力为正，反之为负；使微段梁产生上凹下凸弯曲变形的弯矩为正，反之为负。

同时，归纳总结可得以下结论：横截面上的剪力在数值上等于该截面左段（或右段）梁上所有外力的代数和，即 $F_s = \sum F$；横截面上的弯矩在数值上等于该截面左段（或右段）梁上所有外力对该截面形心 C 的力矩的代数和，即 $M = \sum M_C$。

多了解一点

剪力的正负规定（可以根据梁上外力直接确定某一截面上剪力的符号）：以截面左段梁为研究对象，当作用在其上的横向外力向上时，该截面上产生的剪力为正；或以截面右段梁为研究对象，作用在其上的横向外力向下时，该截面上产生的剪力为正。反之，如果不属于这两种情况中的任一种，则剪力均为负。以上可归纳为一个简单的口诀"左上、右下为正"。

弯矩的正负规定（可以根据梁上外力直接确定某一截面上弯矩的符号）：以截面左段梁为研究对象，如果在左段梁上的横向外力（或外力偶）对截面形心的力矩为顺时针转向，在该截面上产生的弯矩为正；或以右段梁为研究对象，右段梁上的横向外力（或外力偶）对截面形心的力矩为逆时针转向，在该截面上产生的弯矩为正。反之，如果不属于这两种情况中的任一种，则弯矩为负。以上也可归纳为一个简单的口诀"左顺、右逆为正"。

3. 心轴、传动轴和转轴概述

根据轴的受载情况，轴分为心轴、传动轴和转轴三类，其应用特点见表 10-1。

表 10-1 心轴、传动轴和转轴的承载情况及特点

种类	举例		应用特点
心轴	固定心轴	固定心轴 前轮轮毂 前叉 自行车前轴	工作时只承受弯矩，起支撑作用

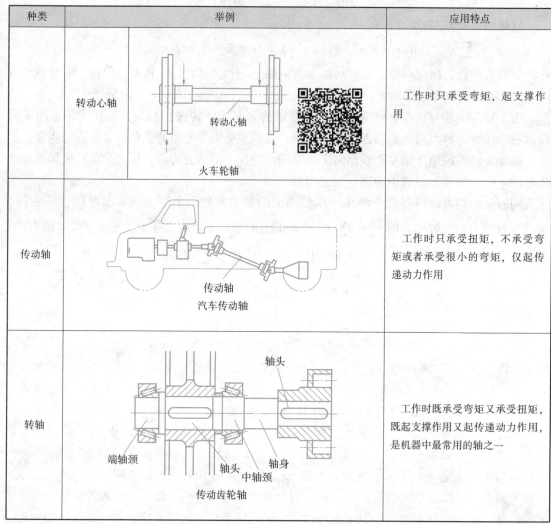

种类	举例	应用特点
转动心轴	转动心轴 火车轮轴	工作时只承受弯矩，起支撑作用
传动轴	传动轴 汽车传动轴	工作时只承受扭矩，不承受弯矩或者承受很小的弯矩，仅起传递动力作用
转轴	轴头 端轴颈　轴头　中轴颈　轴身 传动齿轮轴	工作时既承受弯矩又承受扭矩，既起支撑作用又起传递动力作用，是机器中最常用的轴之一

【例 10 – 1】 分析如图 10 – 1 所示的带式输送机中单级斜齿轮减速器从动轴的类型及受力特点。

从动轴设计步骤	计算依据及说明	结果提炼
步骤一：初步分析从动轴的受力特点及类型	解：此减速器从动轴与齿轮、轴承、联轴器相连，工作时既承受弯矩又承受扭矩，既起支撑作用又起传递动力作用，因此据受载情况看为转轴，按轴线形状看为直轴	转轴、直轴

说明：轴的设计步骤多，直接联系紧密，为了本例结果方便后续步骤引用查询，常梳理成上述形式。

研读上述"相关知识",在了解轴的作用、种类、常用材料等的基础上,分组讨论,初步分析如图 10−1 所示减速器主动轴的受力特点,选择合适的材料并确定其类型,将结果填入下表。

主动轴设计步骤	计算依据及说明	结果提炼
步骤一:分析主动轴的 受力特点及类型		

步骤二 选择轴的材料,确定许用应力

 想一想:

1. 现实生活中你见过的轴的常用材料有哪些?

2. 你知道轴的选材依据是什么吗?

3. 阅读以下的相关知识,你能为主动轴选择合适的材料,并确定其许用应力吗?

 相关知识

轴的失效多为疲劳破坏,所以轴的材料应满足强度、刚度、耐磨性等方面的要求,常用的材料如下:

1. 碳素钢

对较重要或传递载荷较大的轴,常用 35、40、45 和 50 号优质碳素钢,其中 45 钢应用最广泛。这类材料的强度、塑性和韧性等都比较好。进行调质或正火处理可提高其机械性能。对不重要或传递载荷较小的轴,可用 Q235、Q275 等普通碳素钢。

2. 合金钢

合金钢具有较好的机械性能和淬火性能。但对应力集中比较敏感,价格较高,多用于有特殊要求的轴,如要求重量轻或传递转矩大而尺寸又受到限制的轴。常用的低碳合金钢有20Cr、20CrMnTi 等,一般采用渗碳淬火处理,使表面耐磨性和芯部韧性都较好。合金钢与碳素钢的弹性模量相差不多,故不宜用合金钢来提高轴的刚度。

3. 球墨铸铁

球墨铸铁具有价廉、吸振性好、耐磨、对应力集中不敏感、容易制成复杂形状的轴等特

点。但品质不易控制，可靠性差。

轴常用的金属材料及力学性能见表 10 - 2，许用弯曲应力可用插值法查表 10 - 3。例如用的材料为 45 钢，热处理方式为调质，抗拉强度为 $\sigma_b = 650$ MPa 时，用插值法查表 10 - 3，得称循环许用弯曲应力 $[\sigma_{-1}] = 60$ MPa。

表 10 - 2   轴的常用金属材料及力学性能

材料牌号	热处理类型	毛坯直径/mm	硬度/HBS	抗拉强度 σ_b/MPa	屈服点 σ_s/MPa	应用说明
Q275 ~ Q235				600 ~ 440	275 ~ 235	用于不重要的轴
35	正火	≤100	149 ~ 187	520	270	用于一般轴
	调质	≤100	156 ~ 207	560	300	
45	正火	≤100	170 ~ 217	600	300	用于强度高、韧性中等的较重要的轴
	调质	≤200	217 ~ 255	650	360	
40Cr	调质	25	≤207	1 000	800	用于强度要求高、有强烈磨损而无很大冲击的重要轴
		≤100	241 ~ 286	750	550	
35SiMn	调质	25	≤229	900	750	可代替40Cr，用于中、小型轴
		≤100	229 ~ 286	800	520	
42SiMn	调质	25	≤220	900	750	与35SiMn相同，但专供表面淬火之用
		≤100	229 ~ 286	800	520	
		>100 ~ 200	217 ~ 269	750	470	
40MnB	调质	25	≤207	1 000	800	可代替40Cr，用于小型轴
		≤200	241 ~ 286	750	500	
35CrMo	调质	25	≤229	1 000	350	用于重载的轴
		≤100	207 ~ 269	750	550	
		>100 ~ 300		700	500	
QT600 - 2			229 ~ 302	600	420	用于发动机的曲轴和凸轮等

表 10 - 3   轴的许用弯曲应力   MPa

材 料	抗拉强度 σ_b	许用弯曲静应力 $[\sigma_{+1}]$	脉动循环许用弯曲应力 $[\sigma_0]$	对称循环许用弯曲应力 $[\sigma_{-1}]$
碳钢	400	130	70	40
	500	170	75	45
	600	200	95	55
	700	230	110	65
合金钢	800	270	130	75
	1000	330	150	90
铸钢	400	100	50	30
	500	120	70	40

【例 10 – 2】 对图 10 – 1 带式输送机中单级斜齿轮减速器从动轴进行选材，并确定许用应力。

从动轴设计步骤	计算依据及说明	结果提炼
步骤二：选择轴的材料，确定许用应力	因减速器为一般机械，该轴无特殊结构尺寸要求，故可选 45 钢正火处理，查表 10 – 2，取 σ_b =600 MPa，查表 10 – 3 得，$[\sigma_{-1}]$ =55 MPa	45 号钢，σ_b = 600 MPa，$[\sigma_{-1}]$ = 55 MPa

研读上述"相关知识"，在了解轴的作用、种类、常用材料等的基础上分组讨论，为图 10 – 1 减速器主动轴选择合适的材料，并确定许用应力，将结果填入下表。

主动轴设计步骤	计算依据及说明	结果提炼
步骤二：选择轴的材料，确定许用应力		

步骤三　按扭转强度初估轴的最小直径

❓ 想一想：

1. 为什么按照扭转强度初步估计的是轴的最小直径而不是最大直径呢？
2. 为何按扭转强度初估轴的最小直径？

相关知识

开始设计轴时，由于轴上零件的位置和两轴承间的距离通常尚未确定，故无法计算轴所承受的弯矩，只能先按扭转强度估算轴的最小直径（根据标准尺寸与其相配的孔圆整），再进行轴的结构设计。

圆轴受扭转时的强度条件为：

$$\tau = \frac{T}{W} = \frac{9\,550 \times 10^3 \times P/n}{0.2d^3} \leqslant [\tau] \qquad (10-2)$$

式中，τ——轴的扭转剪应力，MPa；

$\quad\quad T$——转矩，N·mm；

$\quad\quad W$——抗扭截面模量，mm^3；

$\quad\quad P$——轴传递的功率，kW；

$\quad\quad n$——轴的转速，r/min；

$\quad\quad d$——轴的直径，mm；

$\quad\quad [\tau]$——许用剪应力，MPa。

对于转轴，开始设计时应考虑弯矩对轴的强度影响，可将 $[\tau]$ 适当降低。将式（10-2）改写，得轴径的设计公式为：

$$d \geqslant \sqrt[3]{\frac{9\,550 \times 10^3}{0.2\tau}} \cdot \sqrt[3]{\frac{P}{n}} = C \cdot \sqrt[3]{\frac{P}{n}} \qquad (10-3)$$

式中，C 为由材料和承载情况决定的常数，见表 10-4。

表 10-4　常用材料 C 值和 $[\tau]$

轴的材料	Q235，Q275，20	35	45	40Cr，35SiMn，42SiMn，38SiMnMo，20CrMnTi
C	160~135	135~118	118~107	107~98
$[\tau]$ / MPa	12~20	20~30	30~40	40~52

注：① 轴上所受弯矩较小或只受转矩时，C 取较小值，否则取较大值。

　　② 用 Q235、Q275、35SiMn 材料时 C 取较大值。

　　③ 轴段开一个键槽时，C 值增大 4%~5%；开两个键槽时，C 值增大 7%~10%。

此外，也可采用经验公式来估算轴的直径。如在一般减速器中，高速输入轴的直径可按与之相连的电动机轴的直径 D 估算：$d = (0.8~1.2)\,D$；各级低速轴的轴径可按同级齿轮中心距 a 估算，$d = (0.3~0.4)\,a$。

小提示

确定最小轴径时，可结合整体设计将由式（10-3）所得的直径圆整为标准直径或与相配合零件（如联轴器、带轮等）的孔径相吻合。

【例 10-3】　初估图 10-1 带式输送机中单级斜齿轮减速器从动轴的最小直径。

从动轴设计步骤	计算依据及说明	结果提炼
步骤三： 按扭转强度初估轴的最小直径	从动轴的功率： $P_2 = P_1 \eta_{联轴器} \eta_{轴承} \eta_{齿轮} = 13.5 \times 0.99 \times 0.99 \times 0.98 = 13$（kW） 从动轴的转速 $n_2 = \dfrac{n_1}{i} = \dfrac{869}{79/20} = 220$（r/min） 查表 10-3 可取 $C = 115$，代入式（10-2）得 $d \geqslant \sqrt[3]{\dfrac{9\,550 \times 10^3}{0.2\tau}} \cdot \sqrt[3]{\dfrac{P_2}{n_2}} = C \cdot \sqrt[3]{\dfrac{P_2}{n_2}} = 115\sqrt[3]{\dfrac{13}{220}} = 44.8$（mm） 考虑轴端装联轴器需要开键槽，轴径应为 $d_{2ca} = d_{2ca} \times （1 + 0.05）= 47.04$。将直径取整为 $d_{2ca} = 48$ mm	初估轴的最小直径 $d_{2ca} = 48$ mm

阅读上述"相关知识"，根据扭转强度初估轴的最小直径的方法，为图 10-1 所示带式输送机中单级斜齿轮减速器主动轴初估轴的最小直径，并填入下表。

主动轴设计步骤	计算依据及说明	结果提炼
步骤三：按扭转强度初估主动轴的最小直径		

步骤四 初选联轴器

? 想一想：

1. 什么是联轴器？在生产或者生活中，哪些机器设备会用到联轴器？

2. 你知道联轴器的选材依据是什么吗？

3. 阅读下面相关知识，你能为任务中的减速器主动轴选择联轴器吗？

相关知识

在生产、生活中，有许多机器设备需要利用联轴器才能保证正常工作，如图 10 - 12 所示的卷扬机。

联轴器是什么呢？有哪些种类？如何选用呢？

联轴器是机械传动中常用的部件，主要用于连接两轴，使其一同旋转并传递转矩，有时也可用作安全装置。在图 10 - 12 所示的卷扬机传动系统中，联轴器将电动机与减速器连接起来并传递扭矩及运动。用联轴器连接的两轴，在机械运转时是不能脱开的，只有在机械停车时才能将连接拆开，使两轴分离。联轴器所连接的两轴，由于制造和安装误差以及承载后变形和热变形等影响往往不能保证严格的对中，两轴将会产生某种形式的相对位移误差，这就要求联轴器在结构上具有补偿能力。

减速器　　　联轴器　　　电动机

图 10 - 12　卷扬机

一、联轴器的类型、结构特点及应用

根据工作性能，联轴器可分为挠性联轴器和刚性联轴器两大类。刚性联轴器有凸缘联轴器和套筒联轴器两种。挠性联轴器可分为无弹性元件联轴器和有弹性元件联轴器两类。常用联轴器类型、结构特点及应用见表 10 - 5。

表 10 - 5　常用联轴器的分类、结构特点及应用

类型		图示	结构特点及应用
挠性联轴器	有弹性元件联轴器	弹性套柱销联轴器	可利用弹性套的变形补偿两轴间的位移、缓冲和吸振。它制造简单，装拆方便，适用于正反转或启动频繁、载荷平稳、中小转矩的轴的连接。为便于更换易损件弹性套，设计时应留一定的拆卸空间

类型		图示	结构特点及应用
挠性联轴器	有弹性元件联轴器	弹性柱销联轴器	结构比弹性套柱销联轴器简单，制造容易，维护方便。适用于轴向窜动量较大、正反转启动频繁的传动和轻载的场合
	无弹性元件联轴器	主动轴1 主动轴2 轴3 万向联轴器	允许两轴间有较大的角位移，传递转矩较大，但传动中将产生附加动载荷，使传动不平稳，一般成对使用，广泛应用于拖拉机、金属切削机床及汽车中
		齿轮联轴器	补偿性良好，允许有综合位移，可在高速重载下可靠地工作，常用于正反转变化多、启动频繁的场合
		滑块联轴器	可适当补偿安装及运转时两轴间的相对位移，结构简单，尺寸小，但不耐冲击、易磨损。适用于低速、轴的刚度较大、无剧烈冲击的场合

类型	图示	结构特点及应用
刚性联轴器	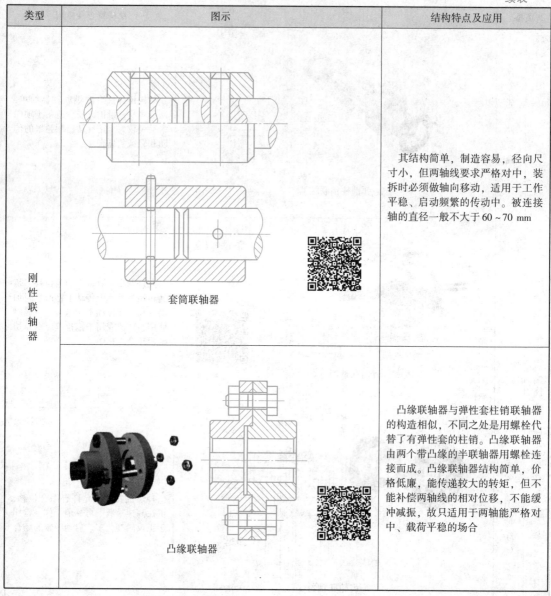 套筒联轴器 凸缘联轴器	其结构简单，制造容易，径向尺寸小，但两轴线要求严格对中，装拆时必须做轴向移动，适用于工作平稳、启动频繁的传动中。被连接轴的直径一般不大于 60~70 mm 凸缘联轴器与弹性套柱销联轴器的构造相似，不同之处是用螺栓代替了有弹性套的柱销。凸缘联轴器由两个带凸缘的半联轴器用螺栓连接而成。凸缘联轴器结构简单，价格低廉，能传递较大的转矩，但不能补偿两轴线的相对位移，不能缓冲减振，故只适用于两轴能严格对中、载荷平稳的场合

二、联轴器的选用

联轴器大多已标准化，选用时先根据工作条件确定合适的类型，再按转矩、轴径及转速选择联轴器的型号，必要时再校核其承载能力。

1. 联轴器类型的选择

根据工作载荷的大小和性质、转速高低、两轴相对偏移的大小、装拆维护等 5 大影响因素（表 10-6 为各影响因素对应的选择原则），结合各类联轴器的性能，可选择合适的类型。

表 10-6　联轴器的影响因素对应的选择原则

5 大影响要素	选择原则
传递载荷和性质	若载荷平稳、传递载荷大、转速稳定、同轴性好、无相对位移的，选用刚性联轴器；载荷变化大、要求缓冲减振或同轴度不易保证的，应选用有弹性元件的挠性联轴器
转速	转速很高时，选用非金属弹性的挠性联轴器
对中性	对中性好，选用刚性联轴器；需补偿的选择挠性联轴器
拆装	考虑拆装方便，不可选择非弹性金属元件的联轴器
环境	在高温下工作时，不可选择非弹性金属元件的联轴器

2. 联轴器型号、尺寸的选择

（1）联轴器的计算转矩

从标准中选择联轴器的型号和相关尺寸。转矩 T_c 按下式计算：

$$T_c = KT = K \times 9\,550P/n \leqslant [T] \tag{10-4}$$

式中，K——工作情况系数，见表 10-7；

　　　P——原动机功率，kW；

　　　n——转速，r/min；

　　　$[T]$——联轴器许用公称转矩，N·m，查机械设计手册。

（2）轴径

轴径 d 不得超过联轴器的孔径，联轴器的孔径 d_0 范围可查机械设计手册。

$$d_{0\min} \leqslant d \leqslant d_{0\max} \tag{10-5}$$

（3）转速

转速 n 不得超过联轴器的许用转速，查机械设计手册。

表 10-7　工作情况系数 K

原动机	工 作 机 械	K
电动机	带式输送机、鼓风机、连续运转的金属切削机床	1.25 ~ 1.5
	链式输送机、刮板输送机、螺旋输送机、离心泵、木工机械	1.5 ~ 2.0
	往复运动的金属切削机床	1.5 ~ 2.0
	往复式泵、往复式压缩机、球磨机、破碎机、冲剪机	2.0 ~ 3.0
	起重机、升降机、轧钢机	3.0 ~ 4.0
蜗轮机	发电机、离心泵、鼓风机	1.2 ~ 1.5
往复式发动机	发电机	1.5 ~ 2.0
	离心泵	3.0 ~ 4.0
	往复式工作机	4.0 ~ 5.0

【例 10-4】　对图 10-1 带式输送机中单级斜齿轮减速器从动轴，试选择联轴器的型号。

解析：结果如下所示：

从动轴设计步骤	计算依据及说明	结果提炼
步骤四：选择联轴器	（1）选择联轴器类型。因带式输送机载荷不平稳，传递转矩也大，为缓冲和吸振，选择弹性套柱销联轴器。 （2）选择联轴器型号。查表 10-7 得工作情况系数可取 $K=1.3$，由式（10-3）得工作转矩 $$T_{ca} = K \times 9\,550 \times \frac{P_2}{n_2} = 1.3 \times 9\,550 \times \frac{13}{220}$$ $$= 733\,613.6\ (\text{N} \cdot \text{m})$$ 查看机械设计手册或者机械设计手册（软件版），选输出轴端联轴器型号为 HL4 弹性柱销联轴器 $\dfrac{\text{JC}55 \times 84}{\text{YA}55 \times 112}$（GB/T 5014—2003） 从表格数据查询结果得有关数据：额定转矩 $T_n = 1\,250$ N · m，许用转速 $[n] = 2\,800$ r/min，轴径 45~55 mm，满足 $T_c \leqslant T_n$、$n \leqslant [n]$，适用	$K=1.3$ 联轴器规格： HL4 84×112 （GB/T 5014—2003）

研读上述"相关知识"，了解联轴器类型、结构特点、作用及选择方法，为图 10-1 减速器主动轴选择合适的联轴器，并填写到下表。

主动轴设计步骤	计算依据及说明	结果提炼
步骤四：选择联轴器		

多了解一点

在机器运转过程中，因联轴器连接的两轴不能分开，所以在一些应用中受到制约。例如汽车从启动到正常行驶的过程中，根据需要换挡变速，为保持换挡时的平稳，减少冲击和振动，需要暂时断开发动机与变速箱的连接，待换挡变速后再逐渐接合。显然，联轴器不能满足这种要求。若采用离合器即可解决这个问题，离合器类似开关，能方便地接合和断开动力的传递。

① 离合器与联轴器的异同：与联轴器相同，离合器主要用于连接两轴，使其一起转动并传递转矩。但用离合器连接的两轴，在传动过程中可以随时进行接合和分离。另外，离合器也可用于过载保护等，通常用于机械传动系统的启动、停止、换向及变速等操作。

② 离合器的特点：工作可靠，接合平稳，分离迅速而彻底，动作准确，调节和维修方便，操作方便省力，结构简单等。

③ 离合器的类型：一般的机械式离合器有啮合式和摩擦式两大类。

各类离合器如图 10 – 13 所示。

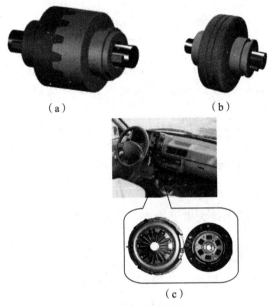

图 10 – 13 离合器

(a) 啮合式离合器；(b) 圆盘摩擦式离合器；(c) 汽车离合器

步骤五 轴承分析

 想一想：

1. 现实生活中你见过哪些种类的轴承？轴承的作用是什么？
2. 这里为什么选择深沟球轴承？轴承的选择依据是什么？
3. 6211 深沟球轴承的结构特点是什么？

 相关知识

从减速器到自行车到打印机，从普通车床到数控车床，无论是在日常生活中，还是在制造装备业中，都有轴承展示风采的空间。在夏季，电风扇能给人们送去凉爽的风，它的扇叶转动得那么轻快而没有噪声，滑冰鞋能持久给人奔跑的力量，都正是因为轴承在其中起了关键作用。生活中的轴承如图10－14所示。

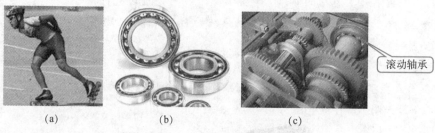

图10－14　生活中的轴承
(a) 滑冰；(b) 轴承；(b) 减速器

在机器中，轴承的作用是支承转动的轴及轴上的零件，并保持轴的正常工作位置和旋转精度，轴承性能的好坏直接影响机器的使用性能。所以，轴承是机器的重要组成部分。

根据摩擦性质的不同，轴承分为滚动轴承和滑动轴承两大类。

一、滚动轴承

1. 概述

滚动轴承是标准件，由轴承厂大批量生产，因此熟悉标准、正确选用并进行轴承组合设计是本节的主要任务。

滚动轴承一般由内圈、外圈、滚动体和保持架组成，如图10－15所示。内、外圈分别与轴颈、轴承座孔装配在一起。当内、外圈相对转动时，滚动体即在内、外圈的滚道间滚动。保持架使滚动体分布均匀，减少滚动体的摩擦和磨损。

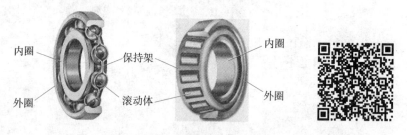

图10－15　滚动轴承的结构

滚动轴承的内、外圈和滚动体一般由轴承钢制造，工作表面经过磨削和抛光，其硬度不低于60HRC。保持架一般用低碳钢板冲压制成，也可用有色金属和塑料制成。

2. 滚动轴承的类型和选择

(1) 类型

滚动轴承按受载方向分为向心轴承和推力轴承两大类。向心轴承主要承受径向载荷，推力轴承主要承受轴向载荷。按滚动体形状，滚动轴承又可分为球轴承与滚子轴承两大类。轴承的类型代号及特性见表10－8。

表 10 – 8　常用滚动轴承的类型和特性

轴承名称	结构图		简图及承载方向	类型代号	主要性能及应用
调心球轴承				1	其外圈的内表面是球面，内、外圈轴线间允许角偏移为 2°～3°，极限转速低于深沟球轴承。可承受径向载荷及较小的双向轴向载荷。用于轴变形较大及不能精确对中的支承处
调心滚子轴承				2	轴承外圈滚道是球面，主要承受径向载荷及一定的双向轴向载荷，但不能承受纯轴向载荷，允许角偏移为 0.5°～2°。常用在长轴或受载荷作用后轴有较大变形及多支点的轴上
圆锥滚子轴承				3	可同时承受较大的径向及轴向载荷，承载能力大于"7"类轴承。外圈可分离，装拆方便，成对使用
推力球轴承	单向			5	只能承受轴向载荷，而且载荷作用线必须与轴线相重合，不允许有角偏差，极限转速低
	双向			5	能承受双向轴向载荷。其余与推力轴承相同
深沟球轴承				6	可承受径向载荷及一定的双向轴向载荷。内、外圈轴线间允许角偏移为 8′～16′

261

续表

轴承名称	结构图	简图及承载方向	类型代号	主要性能及应用
角接触球轴承		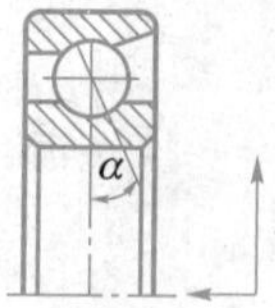	7	可同时承受径向及轴向载荷。公称接触角 α 有15°、25°和40°三种，接触角越大，承受轴向载荷的能力越大。适用于转速较高、同时承受径向载荷和轴向载荷的场合
推力圆柱滚子轴承		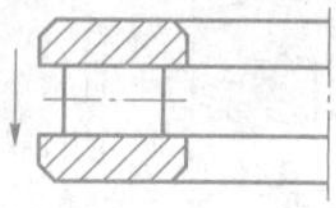	8	能承受较大的单向轴向载荷，承受能力比推力球轴承大得多，不允许有角偏差
圆柱滚子轴承		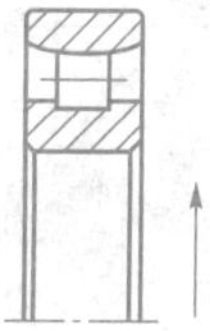	N	能承受较大的径向载荷，不能承受轴向载荷，极限转速也较高，但允许的角偏移很小，为 $2' \sim 4'$。设计时，要求轴的刚度大、对中性好

（2）滚动轴承的代号

国家标准（GB/T 272—1993）规定，轴承的类型、尺寸、精度和结构特点，由轴承代号表示。轴承代号由基本代号、前置代号和后置代号3部分构成。代号一般刻在外圈端面上，排列顺序如图10-16所示。

注：类型代号、宽度系列、直径系列、内径代号前的数字代表基本代号中从右向左数的位次。

图10-16 滚动轴承代号表示方法

① 前置代号。在基本代号左侧用字母表示成套轴承的分部件，如 L 表示可分离的轴承是分离内圈还是外圈，K 表示滚子和保持架组件。具体可查阅轴承手册和有关标准。一般轴承无须说明时，无前置代号。

② 基本代号。基本代号表示轴承的类型、结构和尺寸。一般5个数字或字母加4个数字表示，如图10-16所示，各基本代号的表示方法详见表10-9。

表10-9 基本代号

类型代号	宽（高）度系列代号	直径系列代号	内径代号			
用一位数字或1~2个字母表示，见表10-8	表示内径、外径相同而轴承宽（高）度不同，有一个递增的系列尺寸，用一位数字表示	表示同一内径而不同外径的系列，用一位数字表示	内径 d = 代号 ×5mm。内径为22、28、32，大于500的轴承直接用内径表示，例如62/32表示内径32的深沟球轴承。d = 10~17 的内径代号如下			
	两代号连用，当宽（高）度系列代号为0时可省略		内径 d/mm	10	12	15	17
			内径代号	00	01	02	03

③ 后置代号。作为补充代号，轴承在结构形状、尺寸公差、技术要求等有改变时，才在基本代号右侧予以添加。一般用字母（或字母加数字）表示。后置代号共分8组。第一组表示内部结构变化，例如角接触球轴承接触角 α = 40°时，代号为B；α = 25°时，代号为AC；α = 15°时，代号为C。第五组为公差等级，按精度由低到高，代号依次为：/P0、/P6、/P6x、/P5、/P4、/P2，其中/P0 为普通级，可省略不标注。

【例10-5】 解释6208、71210B。

解：6208：表示尺寸系列（0）2（宽度系列0，直径系列2），内径40 mm，精度为/P0级的深沟球轴承。

71210B：表示尺寸系列12（宽度系列1，直径系列2），内径50 mm，接触角 α = 40°，精度为/P0级的角接触球轴承。

小提示

1. 角接触轴承和圆锥滚子轴承。
① 一定要成对使用；
② 方向必须正确，必须正装或反装；
③ 外圈定位（固定）边一定是宽边。
2. 轴承内、外圈的定位必须注意内、外圈的直径尺寸问题。
① 内圈的外径一定要大于固定结构的直径；
② 外圈的内径一定要小于固定结构的直径。
3. 轴上如有轴向力时，必须使用能承受轴向力的轴承。
4. 轴承必须考虑密封问题。
5. 轴承必须考虑轴向间隙调整问题。

（3）滚动轴承的选择
滚动轴承选择的出发点如下：
① 轴承工作载荷的大小、方向及性质。当载荷较小而平稳、转速较高时，可选用球轴

承，反之，宜选用滚子轴承。当轴承同时承受径向及轴向载荷，若以径向载荷为主时可选用深沟球轴承；当轴向载荷比径向载荷大很多时，可选用推力轴承与向心轴承的组合结构；当径向载荷和轴向载荷均较大时，可选用向心角接触轴承。

② 对轴承的特殊要求。跨距较大或难以保证两轴承孔同轴度的轴及多支点轴，宜选用调心轴承。为便于安装、拆卸和调整轴承游隙，宜选用内、外圈可分离的圆锥滚子轴承。

③ 经济性。一般球轴承比滚子轴承价廉；有特殊结构的轴承比普通结构的轴承贵。同型号的轴承，精度越高，价格也越高，一般机械传动宜选用普通级（/P0）精度。

二、滑动轴承

按受载荷方向不同，滑动轴承可分为径向滑动轴承、止推滑动轴承和径向止推滑动轴承3 种形式。与滚动轴承相比，滑动轴承具有工作平稳、无噪声、耐冲击、回转精度高和承载能力大等优点，在汽轮机、精密机床和重型机械中被广泛地应用。

滑动轴承主要由滑动轴承座、轴瓦或轴套组成。装有轴瓦或轴套的壳体称为滑动轴承座。常用滑动轴承的结构特点见表 10 - 10。

表 10 - 10　滑动轴承的类型、结构简图及特点

类型		结构简图	特 点
径向滑动轴承	整体式	轴瓦　轴承座	结构简单，制造方便，但轴套磨损后轴承间隙无法调整；装拆时轴或轴承需轴向移动，故只适用于低速、轻载和间歇工作的场合。如小型齿轮油泵、减速箱等
	剖分式	轴承盖　注油孔　轴瓦　轴承座　双头螺柱　对开轴瓦　轴承盖　轴承座	装拆方便，磨损轴承的径向间隙可以调整，应用较广泛

续表

类型		结构简图	特　点
径向滑动轴承	调心式		轴承与轴承盖、轴承座之间为球面接触，轴瓦可以自动调位，以适应轴受力弯曲时轴线产生的倾斜。主要适用于轴的挠度较大或轴承孔轴线的同轴度较大的场合
止推滑动轴承		1—轴承座；2—衬套；3—轴套； 4—止推垫圈；5—销钉	用来承受轴向载荷的滑动轴承称为止推滑动轴承，它是靠轴的断面或轴肩、轴环的端面向推力支撑面传递轴向载荷

　　请在阅读上述"相关知识"了解轴承类型、结构特点、作用、选择方法的基础上，分析图 10 -1 所示齿轮减速器简图中 6211 深沟球轴承代号，并填写下表。

主动轴设计步骤	设计计算与说明	最终结果
步骤五：6211 轴承分析		

步骤六　轴的结构设计

 想一想：

1. 轴的结构设计应满足哪些方面？
2. 轴向、周向如何定位？

 相关知识

一、轴的结构设计的要求

轴的结构设计的目的是确定轴的结构形状和尺寸，主要考虑以下几方面的问题。

① 轴和轴上零件要有准确的工作位置（轴向和周向定位与固定）；

② 轴上零件便于装拆和调整；

③ 合理布局轴的受力位置，提高轴的刚度和强度；

④ 具有良好的制造工艺性；

⑤ 与轴承配合的轴颈必须符合滚动轴承内径系列。

图 10-17 所示为一齿轮减速器中的转轴。轴上各段按其作用可分别称为轴头、轴颈和轴身。

二、轴的结构设计步骤

1. 拟定轴上零件装配方案

轴的结构形式取决于轴上零件的装配方案。应拟定几种不同的装配方案，以便进行比较与选择，以轴的结构简单、轴上零件少为佳。

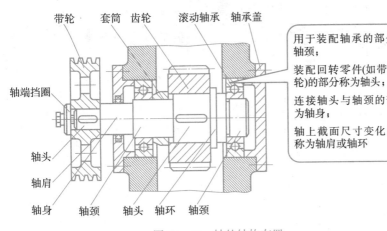

用于装配轴承的部分称为轴颈;

装配回转零件(如带轮、齿轮)的部分称为轴头;

连接轴头与轴颈的部分称为轴身;

轴上截面尺寸变化的部分称为轴肩或轴环

图 10 - 17　轴的结构布置

2. 确定各轴段的直径

① 零件在轴上的定位和装拆方案确定后，轴的形状便大体确定。各轴段所需的直径与轴上的载荷大小有关。初步确定轴的直径时，通常还不知道支反力的作用点，不能决定弯矩的大小与分布情况，因而还不能按轴所受的具体载荷及其引起的应力来确定轴的直径。但在进行轴的结构设计前，通常已能求得轴所受的扭矩。因此，可按轴所受的扭矩初步估算轴所需的直径。将初步求出的直径作为承受扭矩的轴段的最小直径 d_{min}，然后再按轴上零件的装配方案和定位要求，从 d_{min} 处起逐一确定各段轴的直径。在实际设计中，轴的直径亦可凭设计者的经验取定，或参考同类机械用类比的方法确定。

② 有配合要求的轴段，应尽量采用标准直径。安装标准件（如滚动轴承、联轴器、密封圈等）部位的轴径，应取相应的标准值及所选配合的公差。

③ 为了使齿轮、轴承等有配合要求的零件装拆方便，并减少配合表面的擦伤，在配合轴段前应采用较小的直径。为了使与轴作过盈配合的零件易于装配，相配轴段的压入端应制出锥度，或在同一轴段的两个部位上采用不同的尺寸公差。

3. 确定各轴段的长度

① 确定各轴段长度时，应尽可能使结构紧凑，同时保证零件所需的装配或调整空间;

② 装有紧固件（如螺母等）的轴段，轴的各段长度主要是根据各零件与轴配合部分的轴向尺寸和相邻零件间必要的空隙来确定的;

③ 为了保证轴向定位可靠，与齿轮和联轴器等零件相配合部分的轴段长度一般应比轮毂长度短 2 ~ 3 mm;

④ 回转件与箱体内壁的距离为 10 ~ 15 mm，轴承断面距箱体内壁 5 ~ 10 mm，联轴器或带轮与轴承间的距离通常取 10 ~ 15 mm。

三、轴上零件的轴向固定

轴上零件的轴向固定的目的是保证零件在轴上有确定的轴向位置，防止零件做轴向移动，并能承受轴向力。轴向定位及固定的方式常用轴肩、轴环、锁紧挡圈、套筒、圆螺母和止动垫圈、弹性挡圈和轴端挡圈等。其特点和应用见表 10 - 11。

表 10 – 11 轴上零件的轴向固定方法及应用

固定方式	结构图形	应用说明
轴肩或轴环结构		固定可靠，承受轴向力大，轴肩、轴环高度 h 应大于轴的圆角半径 R 和倒角高度 C，一般取 $h_{min} \geqslant (0.07 \sim 0.10) d$；但安装滚动轴承的轴肩、轴环高度 h 必须小于轴承内圈高度 h_1（由轴承标准查取），以便轴承的拆卸。轴环宽度 $b \approx 1.4h$
套筒结构		结构简单、定位可靠，常用于轴上零件间距离较短的场合，当轴的转速很高时不宜采用
圆螺母		常用于轴承之间距离较大且轴上允许车制螺纹的场合
弹性挡圈结构		承受轴向力小或不承受轴向力的场合，常用作滚动轴承的轴向固定
轴端挡圈结构		用于轴端要求固定可靠或承受较大轴向力的场合

续表

固定方式	结构图形	应用说明
紧定螺钉结构	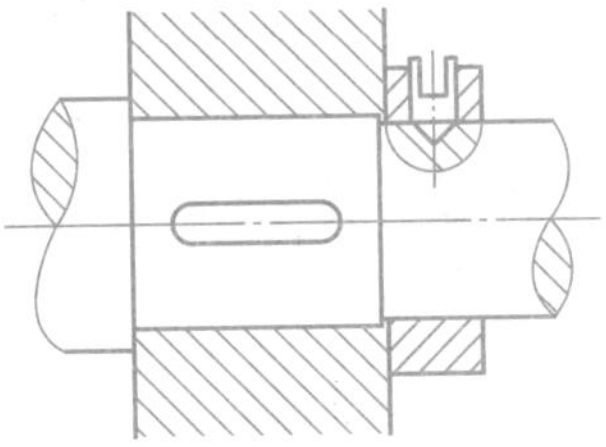	承受轴向力小或不承受轴向力的场合，且不适合高速场合
圆锥面	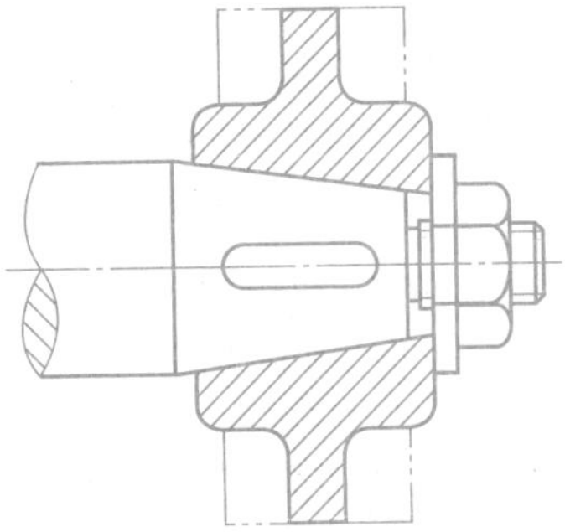	能消除轴与轮毂间的径向间隙，装拆方便，可兼做周向固定。常与轴端挡圈联合使用，实现零件的双向固定，适用于有冲击载荷和对中性要求较高的场合，常用于轴端零件的固定

四、轴上零件的周向固定

轴上零件周向固定的目的是保证轴能可靠地传递运动和转矩，防止轴上零件与轴产生相对运动。常用的周向固定方法有键连接、销连接以及过盈配合、成型连接等，力不大时，也可采用紧定螺钉作为周向固定方法，其特点及应用见表 10 – 12。

表 10 – 12　轴上零件的周向固定方法及应用

固定方式	结构图形	应用说明
平键连接	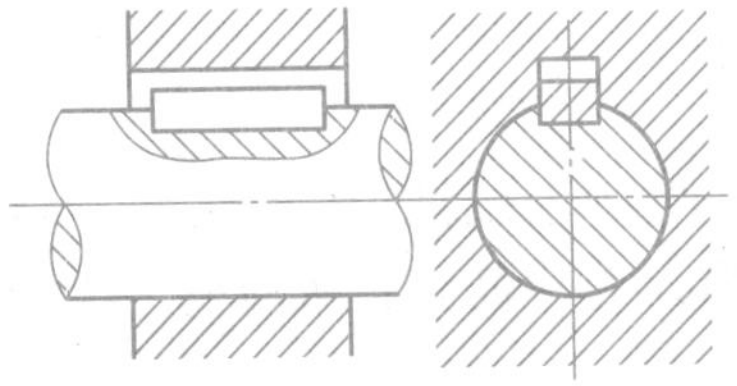	加工容易，装拆方便，但轴向不能固定，不能承受轴向力
花键连接	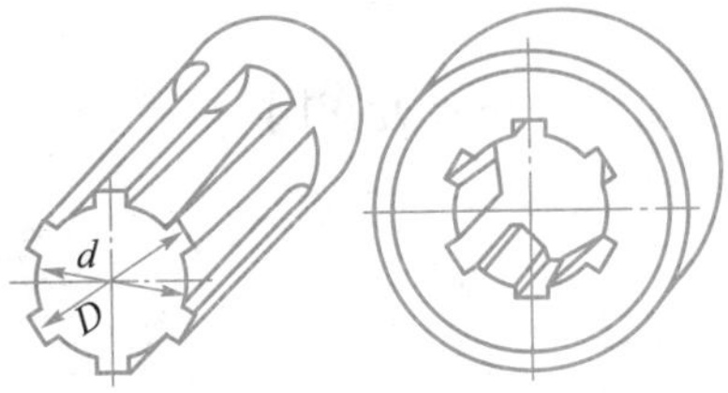	具有接触面积大、承载能力强、对中性和导向性好等特点，适用于载荷较大、定心要求高的静、动连接。加工工艺较复杂，成本较高

续表

固定方式	结构图形	应用说明
销钉连接	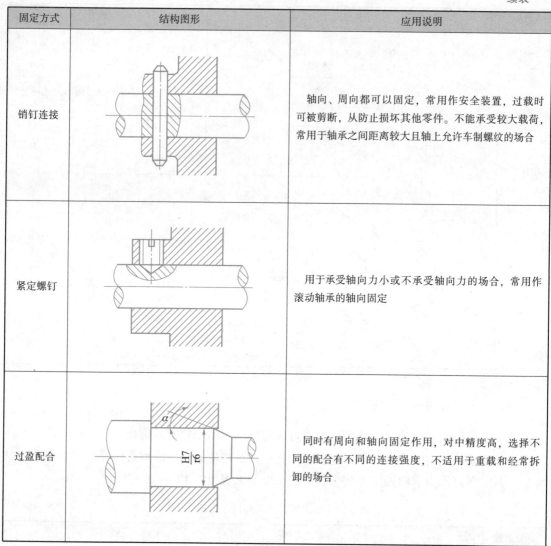	轴向、周向都可以固定，常用作安全装置，过载时可被剪断，从防止损坏其他零件。不能承受较大载荷，常用于轴承之间距离较大且轴上允许车制螺纹的场合
紧定螺钉		用于承受轴向力小或不承受轴向力的场合，常用作滚动轴承的轴向固定
过盈配合		同时有周向和轴向固定作用，对中精度高，选择不同的配合有不同的连接强度，不适用于重载和经常拆卸的场合

五、轴的结构工艺性

进行轴的紧固设计时，考虑到轴的结构工艺性，应注意以下问题。

① 轴的结构应便于加工、装配和维修。阶梯轴是中间大、两端小，以便于轴上零件的装拆。

② 在满足装配要求的前提下，阶梯轴的阶梯应尽量少，以减少加工过程中的刀具调整量，提高加工效率，以减小轴上的应力集中。

③ 一根轴的各轴段上的键槽槽宽应尽可能相同，并布置在同一母线上，以便于加工，如图 10 - 18 所示。

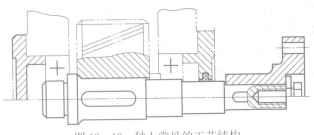

图 10 – 18　轴上常见的工艺结构

④ 车削螺纹和磨削加工时，为保证加工质量，应留有退刀槽（如图 10 – 19 所示）和砂轮越程槽（如图 10 – 20 所示），槽的宽度 b 可查有关手册。

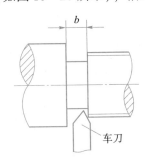

图 10 – 19　螺纹退刀槽

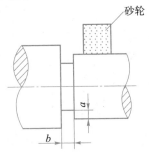

图 10 – 20　砂轮越程槽

⑤ 轴端、轴颈和轴肩（或轴环）的过渡部位应有倒角和过度圆角，便于轴上零件的装配，避免划伤配合表面，减小应力集中。应尽可能使倒角（或圆角半径）一致，以便于加工。

⑥ 为了便于装配，轴端应加工倒角。直径相近处的倒角、圆角、退刀槽和键槽尺寸应尽量相同，以减少加工过程中的刀具调整量，提高加工效率。

【例 10 – 6】　用前面的数据，根据图 10 – 1 带式输送机中单级斜齿轮减速器简图确定的从动轴进行结构设计。

【解析】（1）轴上零件的轴向定位

仅从轴的强度和加工工艺考虑，可将轴制成 $\phi48$ 的光轴，考虑轴上零件的装拆、定位和固定要求，轴应制成阶梯轴，如图 10 – 21 所示。

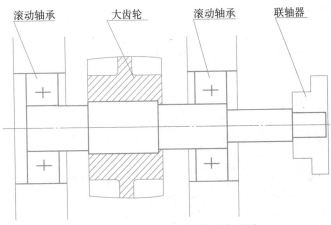

图 10 – 21　轴上主要零件的布局图

271

考虑左轴承和大齿轮的定位及固定，应制轴肩和轴环，考虑右轴承和大齿轮的定位及固定，应有套筒，如图 10-22 所示。

轮的一端靠轴肩定位，另一端靠套筒定位，装拆、受力均较方便；两端轴承常用同一尺寸，以便于加工、安装和维修；为便于装拆轴承，轴承处轴肩不宜太高（其高度的最大值可从轴承标准中查得），故左边轴承与齿轮间设置两个轴肩，轴的初步形状如图 10-22 所示。

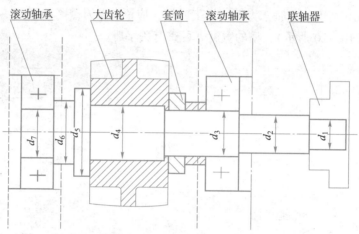

图 10-22　考虑轴向定位的轴上零件的装配方案

（2）轴上零件的周向定位

齿轮与轴、半联轴器与轴的周向定位均采用平键连接，如图 10-23 所示。根据轴的直径由有关设计手册查得齿轮、半联轴器处的键截面尺寸，配合均为 H7/k6；滚动轴承内圈与轴的配合采用基孔制，轴的尺寸公差为 k6。

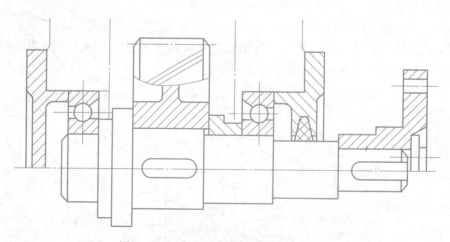

图 10-23　考虑周向定位后的装配方案图

从动轴设计步骤	计算依据及说明	结果提炼
步骤六：轴的结构设计	（1）做轴的结构设计时，绘制轴的结构草图和确定各部分尺寸应交替进行。半联轴器左端用轴肩定位，依靠 A 型普通平键连接和过渡配合（H7/k6）实现周向固定。齿轮布置在两轴承中间，左侧用轴环定位，右侧用套筒与轴承隔开并作轴向定位；齿轮和轴选用 A 型平键和过盈配合（H7/r6）作周向固定；两端轴承选用过渡配合（H7/k6）作周向固定；左轴承靠轴肩和轴承盖，右轴承靠套筒和轴承盖作轴向定位。 （2）径向尺寸确定。从轴段 $d_1 = 48$ mm 开始，逐段选取相邻轴段的直径，如图所示，d_2 起定位作用，定位轴肩高度 h_{min} 可在（0.07～0.10）d_1 范围内选取，故 $d_2 = d_1 + 2h \geqslant 48 \times (1 + 2 \times 0.07) = 53.76$（mm），取 $d_2 = 54$ mm，右轴颈直径按滚动轴承的标准取 $d_3 = 55$ mm；装齿轮的轴头直径取 $d_4 = 60$ mm；轴环高度 $h_{min} \geqslant$（0.07～0.10）d_4，取 $h = 4$ mm，故直径 $d_5 = 68$ mm，宽度 $b \approx 1.4 h = 5.6$ mm，取 $b = 7$ mm；左轴颈直径 d_7 与右轴颈直径 d_3 相同，即 $d_7 = d_3 = 55$ mm；根据题意轴承型号为 6211，由附表 12-1 查得 $r_s = 1.5$ mm，考虑到轴承的装拆，左轴颈与轴环间的轴段直径 $d_6 = 64$ mm。 （3）轴向尺寸的确定。与传动零件（如齿轮、带轮、联轴器等）相配合的轴段长度，一般略小于传动零件的轮毂宽度。根据齿轮宽度为 90 mm，取轴头长为 88 mm，以保证套筒与轮毂端面贴紧；6211 轴承宽度由手册查得为 21 mm，故左轴颈长亦取 21 mm，为使齿轮端面、轴承端面与箱体内壁均保持一定距离（图中分别取为 18 mm 和 5 mm），取套筒宽为 23 mm；轴穿过轴承盖部分的长度，根据箱体结构取 52 mm；轴外伸端长度根据联轴器尺寸取 70 mm。可得出两轴承的跨距为 $L = 157$ mm	$d_1 = 48$ mm $d_2 = 54$ mm $d_3 = 55$ mm 轴承 6211 $d_4 = 60$ mm $d_5 = 68$ mm $d_6 = 64$ mm $d_7 = 55$ mm
步骤六：轴的结构设计		

做一做

分组讨论，为图 10-1 减速器的主动轴进行结构设计，并填写计算依据及结果。

主动轴的设计步骤	计算依据及说明	结果提炼
步骤六：轴的结构设计		

步骤七　轴的强度和刚度计算

❓ 想一想：

1. 轴的强度和刚度与哪些因素有关？
2. 轴的强度和刚度如何校核？如何提高？

相关知识

一、按弯扭合成强度计算

在轴的结构设计完成后，外载荷和轴的支点位置就可确定，即可算出轴各截面的弯矩，此时可用弯扭合成强度校核。对于钢制轴，应用材料力学第三强度理论可得：

$$\sigma_b = \frac{M_e}{W} = \frac{\sqrt{M^2 + (dT)^2}}{0.1d^3} \leqslant [\sigma_b] \qquad (10-6)$$

式中，M_e——为当量弯矩，$N \cdot mm$，$M_e = \sqrt{M^2 + (\alpha T)^2}$；

　　　　α——根据轴所传递的扭矩性质而定的校正系数，若为不变扭矩，则 $\alpha = 0.3$；扭矩为脉动循环，则 $\alpha \approx 0.6$；对称循环的扭矩，取 $\alpha = 1$；

　　　　T——扭矩，$N \cdot mm$；

　　　　M——合成弯矩，$N \cdot mm$，$M = \sqrt{M_H^2 + M_r^2}$，M_H 和 M_V 分别为水平面和垂直面的弯矩；

　　　　$[\sigma_b]$——许用弯曲应力，见表 10-13。

计算轴的直径 d 时，可将式（10-6）写为：

$$d \geqslant \sqrt[3]{\frac{M_e}{0.1[\sigma_b]}} \qquad (10-7)$$

当轴上开有一个键槽时，轴径应增大 3%～5%；有两个键槽时，轴径应增大 7% 左右，以补偿对轴的削弱。

表 10-13　轴的许用弯曲应力

材料	σ_b	$[\sigma_{b+1}]$	$[\sigma_{b0}]$	$[\sigma_{b-1}]$
碳素钢	400	130	70	40
	500	170	75	45
	600	200	95	55
	700	230	110	65
合金钢	800	270	130	75
	900	300	140	80
	1000	330	150	90

续表

材料	σ_b	$[\sigma_{b+1}]$	$[\sigma_{b0}]$	$[\sigma_{b-1}]$
铸钢	400	100	50	30
	500	120	70	40

注：$[\sigma_{b+1}]$、$[\sigma_{b0}]$、$[\sigma_{b-1}]$ 分别为材料在静应力、脉动循环应力和对称循环应力作用下的许用弯曲应力。

二、轴的刚度计算简介

受载后轴会产生弹性变形，若轴的刚度不足，则将产生过大的变形，从而影响轴上零件的正常工作，如齿轮偏载、轴承磨损等，使机床精度降低。所以对重要的和精度要求高的轴，通常要进行刚度校核计算。

1. 轴的弯曲刚度校核计算

轴的弯曲刚度校核计算就是用材料力学中的公式和方法算出轴的挠度 y 或偏转角 θ，并应满足下式：

$$y \leqslant [y] \ \text{或} \ \theta \leqslant [\theta]$$

式中，$[y]$——许用挠度；

$[\theta]$——许用偏转角，见表 10 – 14。

2. 轴的扭转刚度校核计算

用材料力学的公式和方法算出轴每米长的扭转角 φ，并满足

$$\varphi \leqslant [\varphi]$$

式中，$[\varphi]$——轴每米长的许用扭转角，见表 10 – 14。

三、提高轴强度和刚度的措施

① 改进轴的结构，降低应力集中。应力集中多产生在轴截面尺寸发生急剧变化的地方，要降低应力集中，就要尽量减缓截面尺寸的变化。直径变化处应平滑过渡，制成半径尽可能大的圆角；轴上尽可能不开槽、孔及制螺纹，以免削弱轴的强度；为了减小过盈配合处的应力集中，可采用卸荷槽，如图 10 – 24 所示。

表 10 – 14　轴的许用变形量

变　形		名　称	许用变形量
弯曲变形	挠度	一般用途的转轴	$[y] = (0.000\ 3 \sim 0.000\ 5) L$（$L$ 为轴的跨距）
		需要较高刚度的转轴	$[y] = 0.000\ 2L$
		安装齿轮的轴	$[y] = (0.01 \sim 0.03)\ m$（$m$ 为模数）
		安装蜗轮的轴	$[y] = (0.02 \sim 0.05)\ m$
	转角	安装齿轮处	$[\theta] = 0.001 \sim 0.002$ rad
弯曲变形	转角	滑动轴承处	$[\theta] = 0.001$ rad
		深沟球轴承处	$[\theta] = 0.005$ rad
		圆锥滚子轴承处	$[\theta] = 0.001\ 6$ rad
扭转变形	扭转角	一般传动	$[\varphi] = (0.5 \sim 1.0)°/m$
		精密传动	$[\varphi] = (0.25 \sim 0.50)°/m$

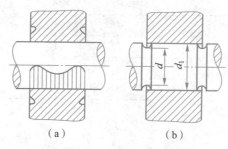

（a）　　　　　（b）

图 10-24　卸荷槽

② 提高轴的表面质量。因疲劳裂纹常发生在轴表面质量差的地方，故提高轴的表面质量有利于提高轴的强度。除控制轴的表面粗糙度外，还可采用表面强化处理，如渗碳、碾压、喷丸等方法。

③ 改变轴上零件的位置，减小载荷。如图 10-25 所示，轴上转矩需由两轮输出，输入轮 1 宜置于两输出轮 2 和 3 中间。此时轴的最大扭矩为 T_2，如图 10-25（b）所示。

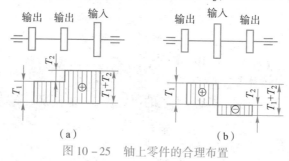

图 10-25　轴上零件的合理布置

【例 10-7】　对图 10-1 带式输送机中单级斜齿轮减速器简图确定的从动轴进行强度校核。

从动轴设计步骤	计算依据及说明	结果提炼
步骤七： 轴的强度 校核	解：1. 按弯扭组合校核轴的强度 （1）计算齿轮受力。 转矩：$T = 9\,550 \cdot \dfrac{P}{n_2} = 9\,550 \times \dfrac{13}{220} = 564$（N·m） 齿轮圆周力：$F_t = \dfrac{2\,000T}{d_2} = \dfrac{2\,000 \times 564}{269.1} = 4\,192$（N） 齿轮径向力：$F_r = F_t \cdot \dfrac{\tan\alpha_n}{\cos\beta} = 4\,192 \times \dfrac{\tan20°}{\cos9°59'12''} = 1\,557$（N） 齿轮轴向力：$F_a = F_t\tan\beta = 4\,192 \times \tan9°59'12'' = 739$（N） （2）绘制轴的受力简图，如图 10-26（a）所示。 （3）计算支承反力，如图 10-26（b）和图 10-26（c）所示。 水平平面支承反力为 $$R_{HA} = R_{HB} = \dfrac{F_t}{2} = \dfrac{4\,192}{2} = 2\,096\ (\text{N})$$ 垂直平面支承反力 $$R_{VA} = \dfrac{F_r \cdot \dfrac{L}{2} - F_a \cdot \dfrac{d_2}{2}}{L} = \dfrac{1557 \times \dfrac{157}{2} - 739 \times \dfrac{269.1}{2}}{157} = 145\ (\text{N})$$ $R_{VB} = F_r - R_{VA} = 1\,557 - 145 = 1\,412$（N）	$T = 564$ N·m $F_t = 4\,192$ N $F_r = 1\,557$ N

从动轴设计步骤	计算依据及说明	结果提炼
步骤七： 轴的强度 校核	（4）绘制弯矩图。 水平平面弯矩图，如图10－26（b）所示。 C 截面处的弯矩为 $$M_{HC} = R_{HA} \times \frac{L}{2} = 2\,096 \times \frac{0.157}{2} = 164.5 \;(\text{N} \cdot \text{m})$$ 垂直平面弯矩图如图10－26（c）所示。C 截面偏左处的弯矩为 $$M'_{VC} = R_{VA} \times \frac{L}{2} = 145 \times \frac{0.157}{2} = 11 \;(\text{N} \cdot \text{m})$$ C 截面偏右处的弯矩为 $$M''_{VC} = R_{VB} \times \frac{L}{2} = 1\,412 \times \frac{0.157}{2} = 110.8 \;(\text{N} \cdot \text{m})$$ 作合成弯矩图如图10－26（d）所示。C 截面偏左的合成弯矩为 $$M'_C = \sqrt{M_{HC}^2 + M''^2_{VC}} = \sqrt{164.5^2 + 110.8^2} = 165 \;(\text{N} \cdot \text{m})$$ C 截面偏右的合成弯矩为 $$M''_C = \sqrt{M_{HC}^2 + M''^2_{VC}} = \sqrt{164.5^2 + 110.8^2} = 198 \;(\text{N} \cdot \text{m})$$ （5）作扭矩图如图10－26（e）所示。 $$T = 564 \;\text{N} \cdot \text{m}$$ （6）校核轴的强度。轴在截面 C 处的弯矩和扭矩最大，故为轴的危险截面，校核该截面直径。因是单向传动，扭矩可认为按脉动循环变化，故取 $\alpha = 0.6$，危险截面的最大当量弯矩为 $$M_e = \sqrt{M''^2_C + (\alpha T)^2} = \sqrt{198^2 + (0.6 \times 564)^2} = 392 \;\text{N} \cdot \text{m}$$ 轴危险截面所需的直径为 $$d_c \geqslant \sqrt[3]{\frac{M_e}{0.1\,[\sigma_{b-1}]}} = \sqrt[3]{\frac{392 \times 10^3}{0.1 \times 55}} = 41.5 \;\text{mm}$$ 考虑到该截面上开有键槽，故将轴径增大5%，即 $$d_e = 41.5 \times 1.05 = 43.6 \;(\text{mm}) \quad < 60 \;\text{mm}$$ 结论：该轴强度足够。所选轴承和键连接等经计算后确认寿命和强度均能满足，则该轴的结构无须修改。 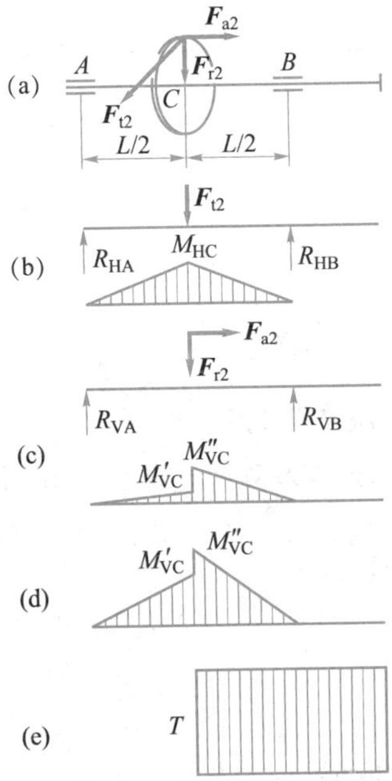 图10－26 轴的受力、弯矩图	$F_a = 739 \;\text{N}$ $R_{HA} = 2\,096 \;\text{N}$ $R_{VA} = 145 \;\text{N}$ $R_{VB} = 1\,412 \;\text{N}$ $M_{HC} = 164.5 \;\text{N} \cdot \text{m}$ $M'_{VC} = 11 \;\text{N} \cdot \text{m}$ $M''_{VC} = 110.8 \;\text{N} \cdot \text{m}$ $M'_C = 165 \;\text{N} \cdot \text{m}$ $M''_C = 198 \;\text{N} \cdot \text{m}$ $M_e = 392 \;\text{N} \cdot \text{m}$ $d_c = 43.6 \;\text{mm}$ 该轴的强度足够

分组讨论，为前例中图 10 – 1 所示减速器主动轴结构进行强度校核，结果填入下表。

主动轴设计步骤	计算依据及说明	结果提炼
步骤七：轴的强度校核		

步骤八 绘制轴的零件工作图

? 想一想：

1. 现在你对任务中减速器的结构熟悉了吗？

2. 你能参考下面任务中从动轴的零件工作图绘制主动轴的零件工作图吗？

相关知识

计算机绘制如图 10 – 1 所示从动轴的零件工作图，效果图如图 10 – 27 所示。

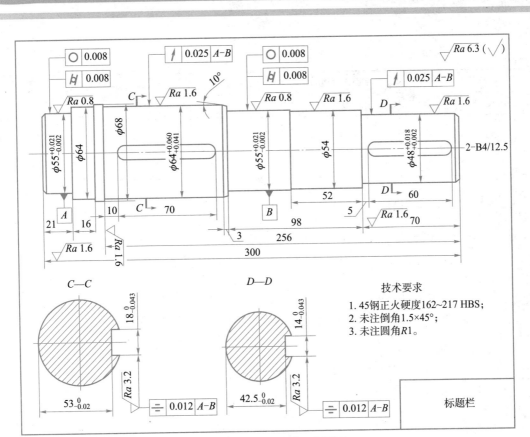

图 10 - 27 从动轴工作图

根据前面步骤的结论，完成图 10 - 1 减速器主动轴的零件工作图，并填入到下表。

主动轴设计步骤	结果提炼
步骤八：绘制轴的零件工作图	

任务拓展训练（学习工作单）

任务名称		平面连杆机构	日期	
组长		班级		小组其他成员
实施地点				
实施条件				
任务描述	设计带式输送机减速器的主动轴。已知传递功率 $P = 10$ kW，转速 $n = 200$ r/min，齿轮齿宽 $B = 100$ mm，齿数 $z = 40$，模数 $m = 5$ mm，螺旋角 $\beta = 9°22'$，轴端装有联轴器			
任务分析				
任务 实施步骤				
评价				

评价 细则	专业 能力	基础知识掌握	素质 能力	正确查阅相关资料
		实际工况分析		严谨的工作态度
		设计步骤完整		语言表达能力
		设计结果合理		小组配合默契，团结协作
	成绩			

巩固练习

一、思考题

1. 轴的作用是什么？如何区别转轴、传动轴和心轴？

2. 轴的材料如何选择？轴的结构与哪些因素有关？

3. 零件在轴上轴向及周向固定的方法有哪些？各有何特点？

4. 轴的强度计算方法有哪几种？各有何特点？

5. 轴的刚度由哪几个参量表述？轴的刚度不足会产生什么影响？

6. 联轴器和离合器的功用有何相同点和不同点？

二、选择题

1. 汽车传动主轴所传递的功率不变，当轴的转速降低为原来的二分之一时，轴所受的外力偶的半偶矩较之转速降低前将（   ）。

    A. 增大一倍数   B. 增大三倍数   C. 减小一半   D. 不改变

2. 圆轴 AB 扭转时，两端面受到力偶矩为 m 的外力偶作用，若以一假想截面在轴上 C 处将其截分为左、右两部分，如图 10-28 所示，则截面 C 上扭矩 T、T' 的正负应是（   ）。

    A. T 为正，T' 为负   B. T 为负，T' 为正

    C. T 和 T' 均为正   D. T 和 T' 均为负

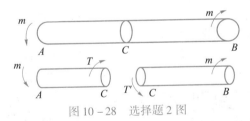

图 10-28　选择题 2 图

3. 左端固定的等直圆杆 AB 在外力偶作用下发生扭转变形，如图 10-29 所示，根据已知各处的外力偶矩大小，可知固定端截面 A 上的扭矩 T 的大小和正负应为（   ）kN·m。

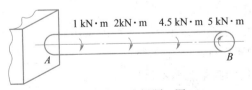

图 10-29　选择题 3 图

    A. 0   B. 7.5   C. 2.5   D. -2.5

4. 某圆轴扭转时的扭矩图如图 10-30 所示，应是其下方的图（   ）。

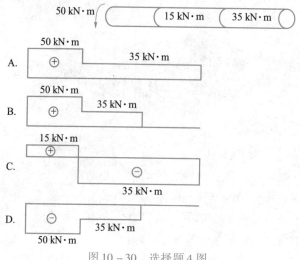

图 10 – 30　选择题 4 图

5. 一传动轴上主动轮的外力偶矩为 m_1，从动轮的外力偶矩为 m_2、m_3，而且 $m_1 = m_2 + m_3$。开始将主动轮安装在两从动轮中间，随后使主动轮和一从动轮位置调换，这样变动的结果会使传动轴内的最大扭矩（　　）。

A. 减小　　　　　　 B. 增大　　　　　　 C. 不变　　　　　　 D. 变为零

6. 对低速、刚性大的短轴，常选用的联轴器为（　　）。

A. 刚性固定式联轴器　　　　　　 B. 刚性可移式联轴器

C. 弹性联轴器　　　　　　 D. 安全联轴器

7. 在载荷具有冲击、振动，且轴的转速较高、刚度较小时，一般选用（　　）。

A. 刚性固定式联轴器　　　　　　 B. 刚性可移式联轴器

C. 弹性联轴器　　　　　　 D. 安全联轴器

8. 联轴器与离合器的主要作用是（　　）。

A. 缓冲、减振　　　　　　 B. 传递运动和转矩

C. 防止机器发生过载　　　　　　 D. 补偿两轴的不同心或热膨胀

9. 金属弹性元件挠性联轴器中的弹性元件都具有（　　）的功能。

A. 对中　　　　　　 B. 减摩　　　　　　 C. 缓冲和减振　　　 D. 装配很方便

10. （　　）离合器接合最不平稳。

A. 牙嵌　　　　　　 B. 摩擦　　　　　　 C. 安全　　　　　　 D. 离心

三、分析设计题

1. 图 10 – 31 所示为一用对圆锥滚子轴承外圈窄边相对安装的轴系结构。请按示例①所示，指出图中的其他结构错误（不少于 7 处）。

（注：润滑方式、倒角和圆角忽略不计）

2. 试选择一电动机输出轴用联轴器，已知：电动机功率 $P = 11$ kW，转速 $n = 1\,460$ r/min，轴径 $d = 42$ mm，载荷有中等冲击。确定联轴器的轴孔与键槽结构型式、代号及尺寸，写出联轴器的标记。

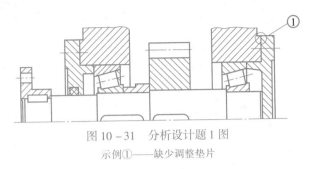

图 10 – 31　分析设计题 1 图

示例①——缺少调整垫片

3．某离心水泵与电动机之间选用弹性柱销联轴器连接，电动机功率 $P = 22$ kW，转速 $n = 970$ r/min，两轴轴径均为 $d = 55$ mm，试选择联轴器的型号并绘制出其装配简图。

4．解释 6210 轴承代号。

参 考 文 献

［1］朱龙根. 简明机械零件设计手册 ［M］. 北京：机械工业出版社，1999.

［2］王三民. 机械原理与设计 ［M］. 北京：机械工业出版社，2001.

［3］濮良贵，纪名刚. 机械设计 ［M］. 北京：高等教育出版社，2001.

［4］栾学刚. 机械设计基础 ［M］. 北京：高等教育出版社，2003.

［5］季明善. 机械设计基础 ［M］. 北京：高等教育出版社，2004.

［6］胡家秀. 简明机械零件设计实用手册（第 2 版）［M］. 北京：机械工业出版社，2005.

［7］孙大俊. 机械基础 ［M］. 北京：中国劳动社会保障出版社，2007.

［8］封立耀. 机械设计基础实例教程 ［M］. 北京：北京航空航天大学出版社，2007.

［9］周志平. 机械设计基础与实践 ［M］. 北京：冶金工业出版社，2008.

［10］张定华. 工程力学 ［M］. 北京：高等教育出版社，2008.

［11］姚祥勇. 机械基础 ［M］. 天津：天津科学技术出版社，2009.

［12］孙敬华. 机械设计基础 ［M］. 北京：机械工业出版社，2010.

［13］王亚辉. 机械设计基础 ［M］. 北京：机械工业出版社，2010.

［14］黄瑷昶. 机械设计基础 ［M］. 天津：天津大学出版社，2010.

［15］陈长生. 机械基础 ［M］. 北京：机械工业出版社，2010.

［16］郭谆钦. 机械设计基础 ［M］. 青岛：中国海洋大学出版社，2011.

［17］侯凤国. 机械基础 ［M］. 北京：中国劳动社会保障出版社，2011.

［18］徐艳敏. 机械设计基础 ［M］. 北京：机械工业出版社，2011.

［19］杨可桢. 机械设计基础 ［M］. 北京：高等教育出版社，2011.